普通高等教育“十四五”规划教材

石油机械系统综合实验指导书

雷娜 主编

SHIYOU
JIXIE
XITONG
ZONGHE
SHIYAN
ZHIDAOSHU

中国石化出版社
·北京·

内容提要

本书是根据石油类院校人才培养需求而编写的实验类教材，较全面介绍了石油钻采等机械设备的结构特点、工作原理和综合性实验项目。内容涉及石油钻井装备、修井设备、机械采油设备、钻机井口工具设备、井下工具设备、海洋石油钻井平台与装备、石油机械典型液压传动系统的基本理论知识；石油钻修井机械装备实验、采油机械装备实验、井下工具实验、海洋石油装备实验4个模块，共13个实验项目。

本书可作为石油类院校机械相关专业的教学用书，也可作为从事石油机械设计、维修的技术人员培训和自学参考书。

图书在版编目(CIP)数据

石油机械系统综合实验指导书 / 雷娜编著. --北京：中国石化出版社，2024.8 --(普通高等教育“十四五”规划教材). --ISBN 978-7-5114-7604-3

Ⅰ. TE9

中国国家版本馆CIP数据核字第2024JX5814号

中国石化出版社出版发行

地址：北京市东城区安定门外大街58号

邮编：100011　电话：(010)57512500

发行部电话：(010)57512575

http://www.sinopec-press.com

E-mail：press@sinopec.com

宝蕾元仁浩(天津)印刷有限公司印刷

全国各地新华书店经销

*

787毫米×1092毫米16开本9印张181千字

2024年8月第1版　2024年8月第1次印刷

定价：30.00元

前　言

“新工科”和工程教育专业认证的实施、石油行业的发展，都对石油类高校工科人才的培养质量、课程体系、实践能力等提出了新的要求。但目前的状况，实践教学环节比较薄弱，实验项目中缺少设计性、综合性和创新性实验，缺乏实验教材，学生只是为做实验而做实验，不能对实验中的问题进行总结和分析。

《石油机械系统综合实验指导书》就是为了顺应现代和高校人才培养需求而编写的实验类教材。本教材不仅提供了融合现场技术的创新性综合实验，还提供了相关的理论介绍，使学生初步掌握石油机械系统关键部件的设计、计算、控制和分析，成为具有综合素质的复合型和创新型人才。编写过程中，参考了现有出版的有关石油机械装备的多种书籍和著作，结合了原有的讲义和多年实验教学的经验，吸收了国内高校相应实验教材的优点。

“石油机械系统综合实验”是一门面向石油类院校大三年级本科生开设的综合实验课程，共 32 学时。该课程以石油钻采机械设备为依托，综合实验室设备和石油行业现场技术，有针对性地开展基础实践能力、团队协作能力、自我学习能力的培养课程，并突出培养学生解决复杂工程问题的能力。本课程要求学生既要注重团队协作，又要发挥个体主动性，不仅需要综合运用前期课程所学的基础理论知识，还需要自学实验相关的新知识。

本书共分6章，第1章是实验数据误差分析，介绍了误差的基本概念和表示方法等；第2章是实验基础理论，包含石油钻井装备、石油修井设备、机械采油设备、钻机井口工具设备、井下工具设备、海洋石油钻井平台与装备、石油机械典型液压传动系统7部分内容；第3章是石油钻修井机械装备实验，包含3个实验项目；第4章是采油机械装备实验，包含5个实验项目；第5章是井下工具实验，包含4个实验项目；第6章是海洋石油装备实验，包含2个实验项目。

本书由雷娜主编，其中第1章、第2章、第3章、第4章由雷娜负责编写，第5章由李大奇负责编写，第6章由闫天红负责编写，全书由高胜教授主审。感谢大庆油田采油研究院和装备制造集团等单位为本书的编写提供宝贵的技术资料。

由于编者水平有限，书中难免存在不当和错误之处，恳请广大读者给予批评和指正。

目　　录

第 1 章 实验数据误差分析

1.1 误差的基本概念

1.1.1 真值与平均值

真值是指某物理量客观存在的确定值。通常，一个物理量的真值是不知道的，是我们努力要求测到的。严格来讲，由于测量仪器、测定方法、环境、人的观察力、测量的程序等，都不可能是完美无缺的，故真值是无法测得的，是一个理想值。科学实验中真值的定义是：设在测量中观察的次数为无限多，则根据误差分布定律正负误差出现的概率相等，故将各观察值相加，加以平均，在无系统误差情况下，可能获得极近于真值的数值。故"真值"在现实中是指观察次数无限多时，所求得的平均值(或是写入文献手册中所谓的"公认值")。然而对我们工程实验而言，观察的次数都是有限的，故用有限观察次数求出的平均值，只能是近似真值，或称为最佳值。一般我们称这一最佳值为平均值。常用的平均值有下列几种：

(1)算术平均值

这种平均值最常用。凡测量值的分布服从正态分布时，用最小二乘法原理可以证明：在一组等精度的测量中，算术平均值为最佳值或最可信赖值。

$$\overline{x}=\frac{x_1+x_2+\cdots+x_n}{n}=\frac{\sum\limits_{i=1}^{n}x_i}{n} \tag{1-1}$$

式中：x_1、$x_2\cdots x_n$——各次观测值；

n——观察的次数。

(2)均方根平均值

$$\overline{x}_{均}=\sqrt{\frac{x_1^2+x_2^2+\cdots+x_n^2}{n}}=\sqrt{\frac{\sum\limits_{i=1}^{n}x_i^2}{n}} \tag{1-2}$$

(3)加权平均值

设对同一物理量用不同方法去测定，或对同一物理量由不同人去测定，计算平均值时，常对比较可靠的数值予以加权重平均，称为加权平均。

$$\overline{w}=\frac{w_1x_1+w_2x_2+\cdots+w_nx_n}{w_1+w_2+\cdots+w_n}=\frac{\sum_{i=1}^{n}w_ix_i}{\sum_{i=1}^{n}w_i} \tag{1-3}$$

式中：x_1、$x_2\cdots x_n$——各次观测值；

w_1、$w_2\cdots w_n$——各测量值的对应权重。各观测值的权数一般凭经验确定。

(4)几何平均值

$$\overline{x}_{发}=\sqrt[n]{x_1\cdot x_2\cdot x_3\cdots x_n} \tag{1-4}$$

(5)对数平均值

$$\overline{x}_n=\frac{x_1-x_2}{\ln x_1-\ln x_2}=\frac{x_1-x_2}{\ln\dfrac{x_1}{x_2}} \tag{1-5}$$

以上介绍的各种平均值，目的是要从一组测定值中找出最接近真值的那个值。平均值的选择主要取决于一组观测值的分布类型。

1.1.2 误差的定义及分类

在任何一种测量中，无论所用仪器多么精密、方法多么完善、实验者多么细心，不同时间所测得的结果不一定完全相同，而有一定的误差和偏差。严格来讲，误差是指实验测量值(包括直接和间接测量值)与真值(客观存在的准确值)之差，偏差是指实验测量值与平均值之差，但习惯上通常将两者混淆而不加以区别。

根据误差的性质及其产生的原因，可将误差分为：系统误差、偶然误差、过失误差三种。

(1)系统误差

又称恒定误差，由某些固定不变的因素引起的。在相同条件下进行多次测量，其误差数值的大小和正负保持恒定，或随条件改变按一定的规律变化。

产生系统误差的原因有：①仪器刻度不准，砝码未经校正等；②试剂不纯，质量不符合要求；③周围环境的改变如外界温度、压力、湿度的变化等；④个人的习惯与偏向如读取数据常偏高或偏低，记录某一信号的时间总是滞后，判定滴定终点的颜色程度各人不同等因素所引起的误差。可以用准确度一词来表征系统误差的大小，系统误差越小，准确度越高，反之亦然。

由于系统误差是测量误差的重要组成部分，消除和估计系统误差对于提高测量准确度就十分重要。一般系统误差是有规律的。其产生的原因也往往是可知或找出原因后可以清除掉的。至于不能消除的系统误差，我们应设法确定或估计出来。

(2)偶然误差

又称随机误差，是由某些不易控制的因素造成的。在相同条件下做多次测量，其误差

的大小、正负方向不一定，其产生原因一般不详，因而也就无法控制，主要表现在测量结果的分散性，但完全服从统计规律，研究随机误差可以采用概率统计的方法。在误差理论中，常用精密度一词来表征偶然误差的大小。偶然误差越大，精密度越低，反之亦然。

在测量中，如果已经消除引起系统误差的一切因素，而所测数据仍在末一位或末二位数字上有差别，则为偶然误差。偶然误差的存在，主要是我们只注意认识影响较大的一些因素，而往往忽略其他还有一些小的影响因素，不是我们尚未发现，就是我们无法控制，而这些影响，正是造成偶然误差的原因。

(3)过失误差

又称粗大误差，与实际明显不符的误差，主要是由于实验人员粗心大意所致，如读错、测错、记错等都会带来过失误差。含有粗大误差的测量值称为坏值，应在整理数据时依据常用的准则加以剔除。

综上所述，我们可以认为系统误差和过失误差总是可以设法避免的，而偶然误差是不可避免的，因此最好的实验结果应该只含有偶然误差。

1.1.3　精密度、正确度和精确度(准确度)

测量的质量和水平，可用误差的概念来描述，也可用准确度等概念来描述。国内外文献所用的名词术语颇不统一，精密度、正确度、精确度(准确度)这几个术语的使用一向比较混乱。近年来趋于一致的多数意见是：

精密度：可以称衡量某些物理量几次测量之间的一致性，即重复性，它可以反映偶然误差大小的影响程度；

正确度：指在规定条件下，测量中所有系统误差的综合，它可以反映系统误差大小的影响程度；

精确度(准确度)：指测量结果与真值偏离的程度，它可以反映系统误差和随机误差综合大小的影响程度。

为说明它们间的区别，往往用打靶来做比喻。如图1-1所示，(a)的系统误差小而偶然误差大，即正确度高而精密度低；(b)的系统误差大而偶然误差小，即正确度低而精密度高；(c)的系统误差和偶然误差都小，表示精确度(准确度)高。当然实验测量中没有像靶心那样明确的真值，而是设法去测定这个未知的真值。

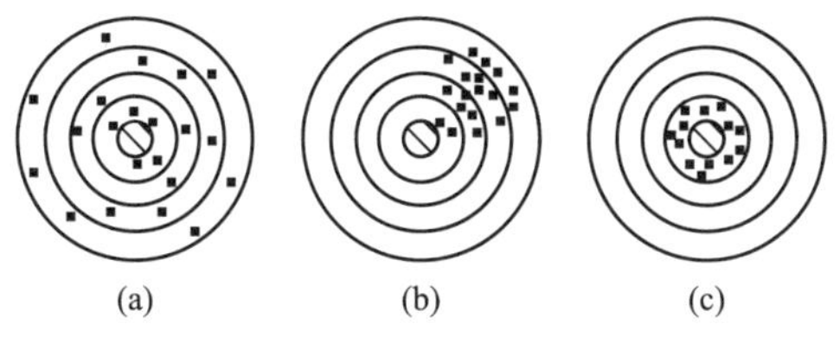

图1-1　精密度、正确度和精确度(准确度)含义示意图

对于实验测量来说，精密度高，正确度不一定高；正确度高，精密度也不一定高；但

精确度(准确度)高，必然是精密度与正确度都高。

1.2 误差的表示方法

测量误差分为测量点和测量列(集合)的误差。它们有不同的表示方法。

1.2.1 测量点的误差表示

(1)绝对误差 D

测量集合中某次测量值与其真值之差的绝对值称为绝对误差。

$$D=|X-x| \tag{1-6}$$

即 $X-x=\pm D \qquad x-D\leqslant X\leqslant x+D$

式中：X——真值，常用多次测量的平均值代替；

x——测量集合中某测量值。

(2)相对误差 E_r

绝对误差与真值之比称为相对误差。

$$E_r=\frac{D}{|X|} \tag{1-7}$$

相对误差常用百分数或千分数表示。因此不同物理量的相对误差可以互相比较，相对误差与被测之量的大小及绝对误差的数值都有关系。

(3)引用误差

仪表量程内最大示值误差与满量程示值之比的百分值，引用误差常用来表示仪表的精度。

1.2.2 测量列(集合)的误差表示

(1)范围误差

范围误差是指一组测量中的最高值与最低值之差，以此作为误差变化的范围。使用中常应用误差的系数的概念。

$$K=\frac{L}{\alpha} \tag{1-8}$$

式中：K——最大误差系数；

L——范围误差；

α——算术平均值。

范围误差最大缺点是使 K 只取决于两极端值，而与测量次数无关。

(2)算术平均误差

算术平均误差是表示误差的较好方法，其定义为：

$$\delta=\frac{\sum d_i}{n},i=1,2\cdots n \tag{1-9}$$

式中：n——观测次数；

d_i——测量值与平均值的偏差，$d_i = x_i - \alpha$。

算术平均误差的缺点是无法表示出各次测量间彼此符合的情况。

(3)标准误差

标准误差也称为根误差。

$$\sigma = \sqrt{\frac{\sum d_i^2}{n}} \tag{1-10}$$

标准误差对一组测量中的较大误差或较小误差感觉比较灵敏，为表示精确度的较好方法。

上式适用无限次测量的场合。实际测量中，测量次数是有限的，改写为：

$$\sigma = \sqrt{\frac{\sum d_i^2}{n-1}} \tag{1-11}$$

标准误差不是一个具体的误差，σ 的大小只说明在一定条件下等精度测量集合所属的任一次观察值对其算术平均值的分散程度，如果 σ 的值小，说明该测量集合中相应小的误差就占优势，任一次观测值对其算术平均值的分散度就小，测量的可靠性就大。

算术平均误差和标准误差的计算式中第 i 次误差可分别代入绝对误差和相对误差，相对得到的值表示测量集合的绝对误差和相对误差。

上述的各种误差表示方法中，不论是比较各种测量的精度或是评定测量结果的质量，均以相对误差和标准误差表示为佳，而在文献中标准误差更常被采用。

1.2.3　仪表的精确度与测量值的误差

(1)电工仪表等一些仪表的精确度与测量误差

这些仪表的精确度常采用仪表的最大引用误差和精确度的等级来表示。仪表的最大引用误差的定义为：

$$最大引用误差 = \frac{仪表显示值的绝对误差}{该仪表相应档次量程的绝对值} \times 100\% \tag{1-12}$$

式中，仪表显示值的绝对误差指在规定的正常情况下，被测参数的测量值与被测参数的标准值之差的绝对值的最大值。对于多档仪表，不同档次显示值的绝对误差和测量范围均不相同。

式(1-12)表明，若仪表显示值的绝对误差相同，则量程范围越大，最大引用误差越小。

我国电工仪表的精确度等级有七种：0.1、0.2、0.5、1.0、1.5、2.5、5.0。如某仪表的精确度等级为2.5级，则说明此仪表的最大引用误差为2.5%。

在使用仪表时，如何估算某一次测量值的绝对误差和相对误差？

设仪表的精确度等级P级，其最大引用误差为10%。设仪表的测量范围为 x_n，仪表

的示值为 x_i，则由式(1-12)得该示值的误差为：

$$\left.\begin{aligned}&\text{绝对误差 } D \leqslant x_n \times P\% \\ &\text{相对误差 } E = \frac{D}{x_i} \leqslant \frac{x_n}{x_i} \times P\%\end{aligned}\right\} \tag{1-13}$$

式(1-13)表明：

①若仪表的精确度等级 P 和测量范围 x_n 已固定，则测量的示值 x_i 越大，测量的相对误差越小。

②选用仪表时，不能盲目地追求仪表的精确度等级。因为测量的相对误差还与 $\frac{x_n}{x_i}$ 有关。应该兼顾仪表的精确度等级和 $\frac{x_n}{x_i}$ 两者。

(2)天平类仪器的精确度和测量误差

这些仪器的精度用以下公式来表示：

$$\text{仪器的精密度} = \frac{\text{名义分度值}}{\text{量程的范围}} \tag{1-14}$$

式中，名义分度值指测量时读数有把握正确的最小分度单位，即每个最小分度所代表的数值。例如 TG-3284 型天平，其名义分度值(感量)为 0.1mg，测量范围为 0～200g，则其：

$$\text{精确度} = \frac{0.1}{(200-0)\times 10^3} = 5\times 10^{-7} \tag{1-15}$$

若仪器的精确度已知，也可用式(1-14)求得其名义分度值。

使用这些仪器时，测量的误差可用下式来确定：

$$\left.\begin{aligned}&\text{绝对误差} \leqslant \text{名义分度值} \\ &\text{相对误差} \leqslant \frac{\text{名义度值}}{\text{测量值}}\end{aligned}\right\} \tag{1-16}$$

(3)测量值的实际误差

由于仪表的精确度用上述方法所确定的测量误差，一般总是比测量值的实际误差小得多。这是因为仪器没有调整到理想状态，如不垂直、不水平、零位没有调整好等，会引起误差；仪表的实际工作条件不符合规定的正常工作条件，会引起附加误差；仪器经过长期使用后，零件发生磨损，装配状况发生变化等，也会引起误差；可能存在由操作者的习惯和偏向所引起的误差；仪表所感受的信号实际上可能并不等于待测的信号；仪表电路可能会受到干扰等。

总而言之，测量值实际误差大小的影响因素是很多的。为了获得较准确的测量结果，需要有较好的仪器，也需要有科学的态度和方法，以及扎实的理论知识和实践经验。

1.3 “过失”误差的舍弃

这里加引号的“过失”误差与前面提到真正的过失误差是不同的，在稳定过程，不受任何人为因素影响，测量出少量过大或过小的数值，随意地舍弃这些“坏值”，以获得实验结果的一致，这是一种错误的做法，“坏值”的舍弃要有理论依据。

如何判断是否属于异常值？最简单的方法是以三倍标准误差为依据。

从概率的理论可知，大于 3σ(均方根误差)的误差所出现的概率只有 0.3%，故通常把这一数值称为极限误差，即：

$$\delta_{极限}=3\sigma \tag{1-17}$$

如果个别测量的误差超过 3σ，那么就可以认为属于过失误差而将其舍弃。重要的是如何从有限的几次观察值中舍弃可疑值的问题，因为测量次数少，概率理论已不适用，而个别失常测量值对算术平均值影响很大。

有一种简单的判断法，即略去可疑观测值后，计算其余各观测值的平均值 α 及平均误差 δ，然后算出可疑观测值 x_i 与平均值 α 的偏差 d。

如果　　　　　　　　$d\geqslant 4\delta$

则此可疑值可以舍弃，因为这种观测值存在的概率大约只有千分之一。

1.4　间接测量中的误差传递

在许多实验和研究中，所得到的结果有时不是用仪器直接测量得到的，而是要把实验现场直接测量值代入一定的理论关系式中，通过计算才能求得所需要的结果，即间接测量值。由于直接测量值总有一定的误差，因此它们必然引起间接测量值也有一定的误差，也就是说直接测量误差不可避免地传递到间接测量值中去，而产生间接测量误差。

误差的传递公式：从数学中知道，当间接测量值(y)与直接值测量值(x_1，$x_2\cdots x_n$)有函数关系时，即：

$$y=f(x_1,\ x_2\cdots x_n)$$

则其微分式为：

$$\mathrm{d}y=\frac{\partial y}{\partial x_1}\mathrm{d}x_1+\frac{\partial y}{\partial x_2}\mathrm{d}x_2+\cdots+\frac{\partial y}{\partial x_n}\mathrm{d}x_n \tag{1-18}$$

$$\frac{\mathrm{d}y}{y}=\frac{1}{f(x_1,\ x_2\cdots x_n)}\left[\frac{\partial y}{\partial x_1}\mathrm{d}x_1+\frac{\partial y}{\partial x_2}\mathrm{d}x_2+\cdots+\frac{\partial y}{\partial x_n}\mathrm{d}x_n\right] \tag{1-19}$$

根据式(1-18)和式(1-19)，当直接测量值的误差(Δx_1，$\Delta x_2\cdots\Delta x_n$)很小，并且考虑到最不利的情况时，应是误差累积和取绝对值，则可求间接测量值的误差 Δy 或 $\Delta y/y$ 为：

$$\Delta y=\left|\frac{\partial y}{\partial x_1}\right|\cdot|\Delta x_1|+\left|\frac{\partial y}{\partial x_2}\right|\cdot|\Delta x_2|+\cdots+\left|\frac{\partial y}{\partial x_n}\right|\cdot|\Delta x_n| \tag{1-20}$$

$$E_r=\frac{\Delta y}{y}=\frac{1}{f(x_1,\ x_2\cdots x_n)}\left[\left|\frac{\partial y}{\partial x_1}\right|\cdot|\Delta x_1|+\left|\frac{\partial y}{\partial x_2}\right|\cdot|\Delta x_2|+\cdots+\left|\frac{\partial y}{\partial x_n}\right|\cdot|\Delta x_n|\right] \tag{1-21}$$

这两个式子就是由直接测量误差计算间接测量误差的误差传递公式。对于标准差的计算有：

$$\sigma_y=\sqrt{\left(\frac{\partial y}{\partial x_1}\right)^2\sigma_{x_1}^2+\left(\frac{\partial y}{\partial x_2}\right)^2\sigma_{x_2}^2+\cdots+\left(\frac{\partial y}{\partial x_n}\right)\sigma_{x_n}^2} \tag{1-22}$$

式中：σ_{x_1}、σ_{x_2}——直接测量的标准误差；

σ_y——间接测量值的标准误差。

上式在有关资料中被称为“几何合成”或“极限相对误差”。现将计算函数的误差的各种关系式列表，如表 1-1 所示。

表 1-1　函数式的误差关系表

数学式	误差传递公式	
	最大绝对误差	最大相对误差 $E_r(y)$
$y=x_1+x_2+\cdots+x_n$	$\Delta y=\pm(\lvert\Delta x_1\rvert+\lvert\Delta x_2\rvert+\cdots+\lvert\Delta x_n\rvert)$	$E_r(y)=\frac{\Delta y}{y}$
$y=x_1+x_2$	$\Delta y=\pm(\lvert\Delta x_1\rvert+\lvert\Delta x_2\rvert)$	$E_r(y)=\frac{\Delta y}{y}$
$y=x_1\cdot x_2$	$\Delta y=\Delta(x_1\cdot x_2)$ $=\pm(\lvert x_1\cdot\Delta x_2\rvert+\lvert x_2\cdot\Delta x_1\rvert)$ 或　$\Delta y=y\cdot E_r(y)$	$E_r(y)=E_r(x_1\cdot x_2)$ $=\pm\left(\left\lvert\frac{\Delta x_1}{x_1}\right\rvert+\left\lvert\frac{\Delta x_2}{x_2}\right\rvert\right)$
$y=x_1\cdot x_2\cdot x_3$	$\Delta y=\pm(\lvert x_1\cdot x_2\cdot\Delta x_3\rvert$ $+\lvert x_1\cdot x_3\cdot\Delta x_2\rvert+\lvert x_2\cdot x_3\cdot\Delta x_1\rvert)$ 或 $\Delta y=y\cdot E_r(y)$	$E_r(y)=\pm\left(\left\lvert\frac{\Delta x_1}{x_1}\right\rvert+\left\lvert\frac{\Delta x_2}{x_2}\right\rvert+\left\lvert\frac{\Delta x_3}{x_3}\right\rvert\right)$
$y=x^n$	$\Delta y=\pm(\lvert nx^{n-1}\cdot\Delta x\rvert)$ 或 $\Delta y=y\cdot E_r(y)$	$E_r(y)=\pm\left(n\left\lvert\frac{\Delta x}{x}\right\rvert\right)$
$y=\sqrt[n]{x}$	$\Delta y=\pm\left(\left\lvert\frac{1}{n}x^{\frac{1}{n}-1}\cdot\Delta x\right\rvert\right)$ 或 $\Delta y=y\cdot E_r(y)$	$E_r(y)=\frac{\Delta y}{y}=\pm\left(\left\lvert\frac{1}{n}\frac{\Delta x}{x}\right\rvert\right)$
$y=\frac{x_1}{x_2}$	$\Delta y=y\cdot E_r(y)$	$E_r(y)=\pm\left(\left\lvert\frac{\Delta x_1}{x_1}\right\rvert+\left\lvert\frac{\Delta x_2}{x_2}\right\rvert\right)$
$y=cx$	$\Delta y=\Delta(cx)=\pm\lvert c\cdot\Delta x\rvert$ 或 $\Delta y=y\cdot E_r(y)$	$E_r(y)=\frac{\Delta y}{y}$或 $E_r(y)=\pm\left\lvert\frac{\Delta x}{x}\right\rvert$
$y=\lg x$ $=0.43429\ln x$	$\Delta y=\pm\lvert(0.43429\ln x)'\cdot\Delta x\rvert$ $=\pm\left\lvert\frac{0.43429}{x}\cdot\Delta x\right\rvert$	$E_r(y)=\frac{\Delta y}{y}$

第 2 章 实验基础理论

2.1 石油钻井设备

2.1.1 钻机组成与分类

(1)钻机组成

石油钻机是重型矿场机械，由功能不同的各种机械设备配套组成，为满足钻井工艺要求，整套钻机必须配备下列系统以及相应的设备。

①提升系统

钻井过程中进行起下钻具、下套管、更换钻头、控制钻压及钻头钻进等作业。需配备绞车、游动系统(天车、游车、大钩及钢丝绳)和悬挂游动系统的井架，以及用于起下钻操作的辅助设备(井口工具及机械化设备)，如吊环、吊卡、吊钳、卡瓦(统称为三吊一卡)和猫头、动力钳、铁钻工及钻具递送与排放装置等。

系统配套设备主要为绞车、天车、游车、大钩和井架。

②旋转系统

钻井过程中需旋转井中钻具，带动钻头破碎岩石作业。常规钻机配备有转盘和水龙头，顶部驱动钻机配备有顶部驱动钻井装置，以及方钻杆、钻杆、钻铤、钻头等钻具。

系统配套设备主要为转盘、水龙头或顶部驱动钻井装置，有时也使用井底动力钻具。

③循环系统

钻井过程中需进行钻井液循环，实现清洗井底、携带岩屑、冷却钻头、保护井壁、平衡压力等功能。需配备钻井液的循环与净化设备，包括钻井泵、高压管汇、固控设备(振动筛、旋流分离器、离心机、除气器、储罐)等。当采用井下动力钻具钻进时，提供高压钻井液，驱动井下涡轮钻具或螺杆钻具。

以上三个系统直接用于钻井作业，是钻机的三大工作机组。

④动力驱动系统

为钻井设备各工作机及辅助设备(如空气压缩机、发电机)提供动力。主要采用柴油机燃气机驱动或通过柴油机/燃气机发电机组实现电驱动，部分有条件地区采用电网供电。

用电驱动时，动力机分为交流、直流、交流变频电动机及其供电、保护、控制设备等。

⑤传动系统

传动系统设备的作用是将动力机和工作机组连接起来，把动力机的能量传递并分配各工作机组。为了满足动力机与工作机组之间能量分配及运动特性的转换与协调，要求传动系统应包括减速、并车、转向、倒车、变速等。根据能量传递形式与传动所用的介质不同，传动系统又可分为机械传动(链条、齿轮、皮带)、液力传动(液力偶合器、液力变矩器)、液压传动和电传动等。

⑥控制系统与监测仪器仪表

作用是按钻井工艺和程序发出指令，协调指挥各工作机组的工作。控制系统包括机械控制、气控、液控、电控和电气液一体化控制。机械控制如手柄、踏板、杠杆等，气控和液控包括开关、调压阀、工作缸等，电控包括开关、变阻器、启动器、继电器等以及集中控制台和显示仪表等。

监测仪器仪表用于记录和显示钻井过程中的各项技术参数，确保钻井安全、可靠和高效。常用的仪表有指重表、泵压表、转盘扭矩、转盘转速、泵冲、钻井液返出量等，称为钻井表。现代钻机还配备有随钻测量系统(MWD)以测量井眼轨迹参数、随钻测井系统(LWD)以测量钻过地层的地球物理信息等。

⑦钻机底座

钻机底座主要用于安装各设备，由钻台(前台)底座、机房(后台)底座构成。钻台底座上安装井架、转盘，放置立根盒及井口工具和司钻控制台，有的结构要安装绞车，钻台下方安装井口装置，因此钻台必须有足够的高度、面积和承载能力。机房底座主要用于安装动力机组及传动系统设备。

⑧辅助设备

主要是配套的供气、供水、供油设备，以及钻鼠洞设备、辅助发电设备、井口防喷设备、起重设备、材料房与库房等，在寒冷地带钻井时还必须配备供暖和保温设备。

以上是适应钻井工艺的要求而形成的钻机地面主要系统和部件。整套钻机除了地面设备外，还需要有很多井下工具和部件，将这些工具、部件按工艺要求安装连接起来才能组装成一套完整的钻机。图 2－1 所示为一台转盘旋转钻机的组成示意图，其各主要零部件的有机结合组成了整套钻机，相互协调完成钻探任务。

(2)钻机类型

随着钻井技术的不断发展，钻机的使用条件也越来越多样化，为适应不同地区的需求，相应出现了各种类型的钻机。影响钻机类型与组成的因素有钻井方法、钻井用途、钻井深度、井眼尺寸、钻具尺寸、钻井地区的条件(如电力或燃料供应、交通运输、气象条件)等。

①按钻井方法划分

冲击钻井：如钢丝绳冲击钻机(顿钻钻机)、振动钻机、爆炸钻机、电火花钻机；

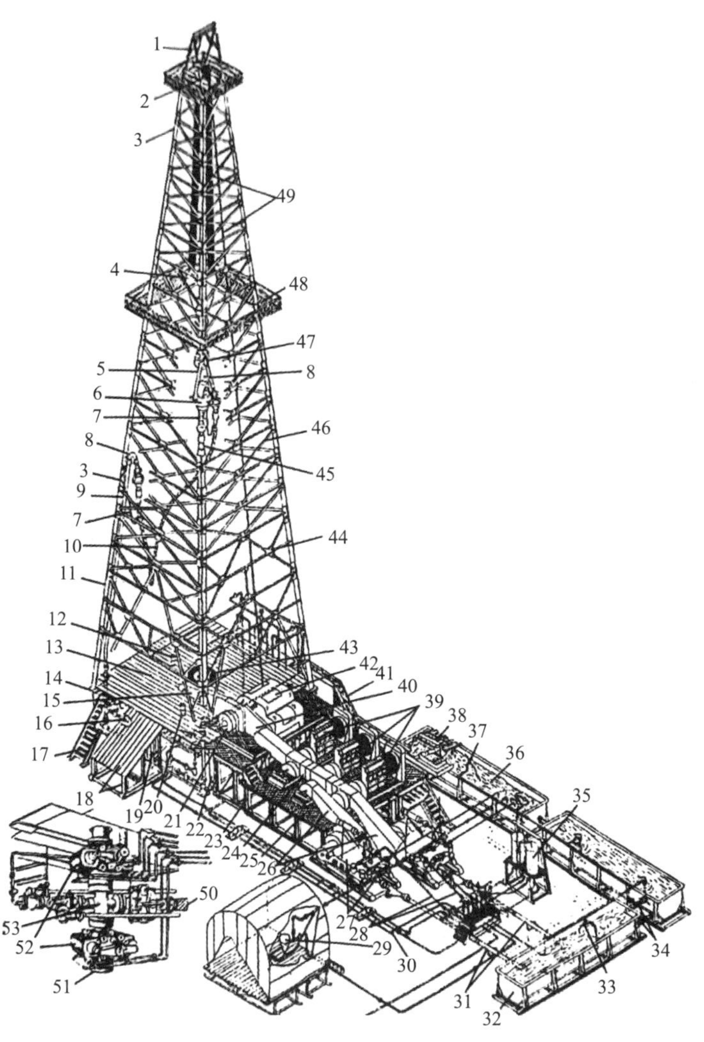

图 2－1　钻机组成示意图

1—人字架；2—天车；3—井架；4—游车；5—水龙头提环；6—水龙头；7—保险链；8—鹅颈管；9—立管；10—水龙带；11—井架大腿；12—小鼠洞；13—钻台；14—架脚；15—转盘传动；16—填充钻井液管；17—扶梯；18—坡板；19—底座；20—大鼠洞；21—水刹车；22—缓冲室；23—绞车底座；24—并车箱；25—发动机平台；26—泵传动；27—钻井泵；28—钻井液管线；29—钻井液配制系统；30—供水管；31—吸入管；32—钻井液池；33—固定钻井液枪；34—连接软管；35—空气包；36—沉砂池；37—钻井液枪；38—振动筛；39—动力机组；40—绞车传动装置；41—钻井液槽；42—钻井绞车；43—转盘；44—井架横梁；45—方钻杆；46—斜撑；47—大钩；48—二层平台；49—游绳；50—钻井液喷出口；51—井口装置；52—防喷器；53—换向闸门

地面旋转钻井：如转盘旋转钻机、顶部动力水龙头旋转钻机；

井底钻井：如井底冲击转动钻具、井底旋转钻具（涡轮钻具、螺杆钻具、电动钻具）。

②按钻井深度划分

浅井钻机：钻井深度不大于 2000m；

中深井钻机：钻井深度 2000～5000m；

深井钻机：钻井深度 5000～7000m；

超深井钻机：钻井深度 7000～9000m；

特深井钻机：钻井深度在 9000m 以上。

③按使用地域划分

常规陆用钻机：用于正常陆地勘探、钻井；

特种钻机：

斜井钻机——用于特殊地形；

沙漠钻机——用于在沙漠地区勘探、钻井，特点是大构件搬家；

极地钻机——主要用于低温地区，对钻机材料、保温有相应的要求；

海洋钻机——用于海上钻井平台。

④按驱动方式划分

按动力设备的不同可分为机械驱动钻机、电驱动钻机、复合驱动钻机及液压驱动钻机。其中，电驱动钻机又分为交流电驱动钻机、直流电驱动钻机、交流变频电驱动钻机。

⑤按传动方式划分

按传动方式的不同可分为链条并车传动的链条钻机、皮带并车传动的皮带钻机、圆锥齿轮-万向轴并车传动的齿轮钻机、液力传动钻机。

⑥按移动方式划分

按移动方式的不同可分为块装式钻机、自行式钻机、拖挂钻机和直升机吊装钻机。

2.1.2 钻机系列

1986 年我国将钻机分为 6 级，分别为 ZJ15、ZJ20、ZJ32、ZJ45、ZJ60 和 ZJ80，适用于石油、天然气勘探开发。1999 年制定的行业标准《石油钻机型式与基本参数》(SY/T 5609—1999)将钻机分为 9 级，分别为 ZJ10、ZJ15、ZJ20、ZJ30、ZJ40、ZJ50、ZJ70、ZJ90 和 ZJ120。2009 年 4 月发布的国家标准《石油钻机和修井机》(GB/T 23505—2009)将钻机分为 10 级。表 2-1 为钻机型号级别对应的名义钻深范围和最大钩载等基本参数。钻机每个级别代号用双参数表示，如 70/4500，前者乘以 100m 为钻机名义钻深范围上限数值，后者是以“kN”为单位的最大钩载数值。

表 2-1 石油钻机的基本参数

钻机级别		ZJ10/600	ZJ15/900	ZJ20/1350	ZJ30/1800	ZJ40/2250	ZJ50/3150	ZJ70/4500	ZJ90/6750	ZJ120/9000	ZJ150/11250
最大钩载/kN		600	900	1350	1800	2250	3150	4500	6750	9000	11250
名义钻深范围/m	127mm 钻杆	500～800	700～1400	1100～1800	1500～2500	2000～3200	2800～4500	4000～6000	5000～8000	7000～10000	8500～12500
	114mm 钻杆	500～1000	800～1500	1200～2000	1600～3000	2500～4000	3500～5000	4500～7000	6000～9000	7500～12000	10000～15000

续表

钻机级别		ZJ10/600	ZJ15/900	ZJ20/1350	ZJ30/1800	ZJ40/2250	ZJ50/3150	ZJ70/4500	ZJ90/6750	ZJ120/9000	ZJ150/11250
绞车额定功率	kW	110～200	275～330	330～500	400～700	735（1100）	1100（1470）	1470（2210）	2210（2940）	2940（4400）	4400（5880）
	（hp）	（150～270）	（350～450）	（450～680）	（550～950）	（1000）（1500）	（1500）（2000）	（2000）（3000）	（3000）（4000）	（4000）（6000）	（6000）（8000）
游动系统结构	钻井绳数	6	8	8	8	8	10	12	14	14	16
	最大绳数	6	8	8	10	10	12	14	16	16	18
钻井钢丝绳直径	mm	19，22	22，26	26，29	29，32		32，35	35，38	42，45	48，52	
	（in）	（3/4，7/8）	（7/8，1）	（1，1⅛）	（1⅛，1¼）		（1¼，1⅜）	（1⅜，1½）	（1⅝，1¾）	（1⅞，2）	
钻井泵单台功率≥	kW	368	588		735		956	1176		1617	1617，2205
	（hp）	（500）	（800）		（1000）		（1300）	（1600）		（2200）	（2200，3000）
转盘开口直径	mm	381，444.5		444.5，520.7，698.5			698.5，952.5		952.5，1257.3，1536.7		1257.3、1536.7
	（in）	（15，17½）		（17½，20½，27½）			（27½，37½）		（37½，49½，60½）		（49½、60½）
钻台高度	m	3，4	4，5		5，6，7.5		7.5，9，10.5		10.5，12		12，16

注：绞车额定功率括号中的数值为非优选值：1hp＝0.735kW。

GB/T 23505—2009 规定的石油钻机型号表示方法如下所示：

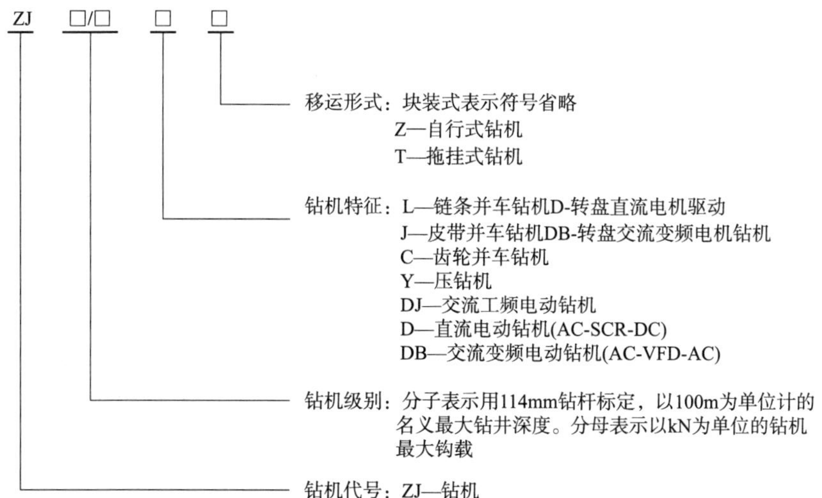

示例1：名义钻深 5000m，最大钩载 3150kN，直流电驱动块装钻机型号表示为

ZJ50/3150D。

示例2：名义钻深7000m，最大钩载4500kN，链条并车钻机、转盘交流变频电机驱动钻机型号表示为ZJ70/4500LDB。

2.1.3 钻机游动系统

游动系统的天车和游车通过钻井钢丝绳连接，它承受最大钩载和快绳、死绳的拉力，并把这些载荷传递到井架和底座上。在最大钩载一定的情况下，游动系统绳数越多，快绳的拉力越小，从而可减轻钻井绞车在钻井各种作业(起下钻、下套管、钻进、悬挂钻具)中的负荷并减少发动机组的配备功率。游动系统结构指的是游车轮数×天车轮数。通常同等负荷的天车和游车的轴承与滑轮是可以互换的。

(1)天车

天车采用螺栓或U形卡固定在井架的顶部，构成定滑轮组。

①型号表示方法

天车型号表示为：

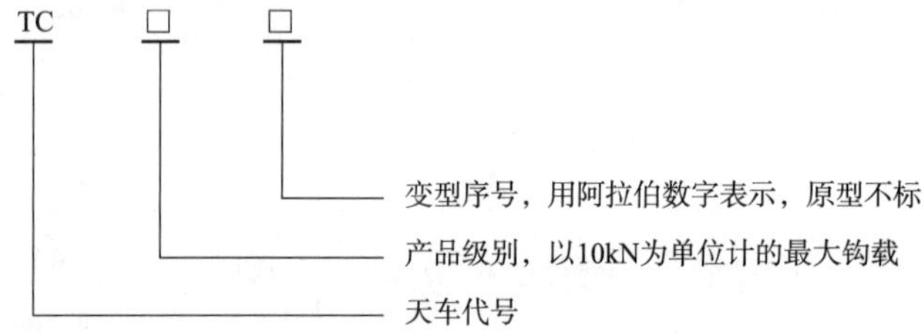

示例：最大钩载2250kN，第一次变型的天车表示为TC225-1。

②天车结构

如图2-2和图2-3所示，天车有顺穿和花穿两种形式，它主要由主滑轮总成、导向滑轮总成、辅助滑轮总成、天车架、挡绳架、起重架、防碰装置、围栏等部件组成。

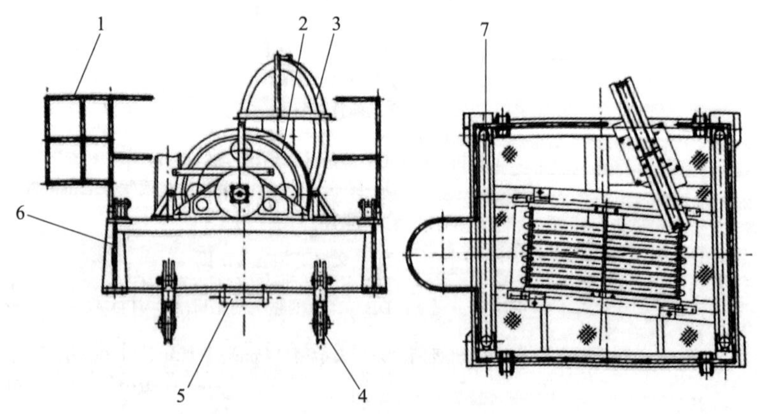

图2-2 顺穿天车结构图

1—围栏；2—主滑轮总成；3—导向滑轮总成；4—辅助滑轮总成；5—防碰装置；6—天车架；7—起重架

天车架采用型钢组焊而成。上部用螺栓分别与主滑轮轴座及导向滑轮轴座连接，下部与井架顶部相连。

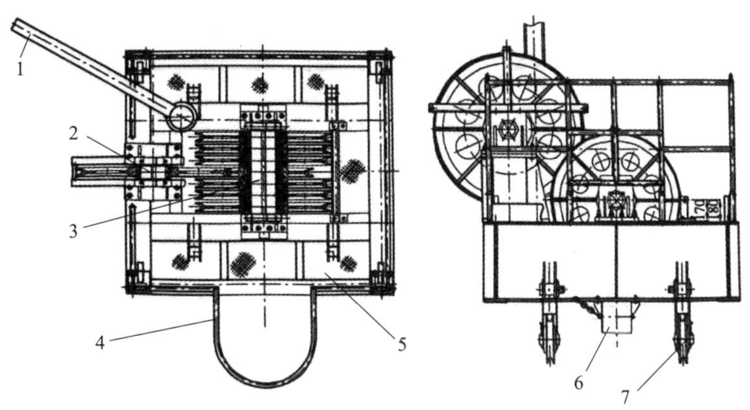

图 2-3 花穿天车结构图

1—起重架；2—导向滑轮总成；3—主滑轮总成；4—围栏；5—天车架；6—防碰装置；7—辅助滑轮总成

主滑轮总成由主轴、支座、滑轮、轴承等组成，如图 2-4 所示。每个滑轮内均装有一对轴承，轴端设有给每个滑轮加注润滑脂的黄油嘴，可方便地向轴承内加注润滑脂。在滑轮外缘装有挡绳架，可防止钢丝绳从滑轮槽内脱出。

导向滑轮总成(也称快绳轮)由轴、轴座、滑轮、轴承等组成，如图 2-5 所示。轴端装有一个黄油嘴，可方便地向轴承内加注润滑脂。在滑轮外缘装有挡绳架，可防止钢丝绳从滑轮槽内脱出。

天车上一般装有 3～4 组辅助滑轮。辅助滑轮总成可分别用于气动绞车起吊重物、钻杆及悬吊液压大钳。

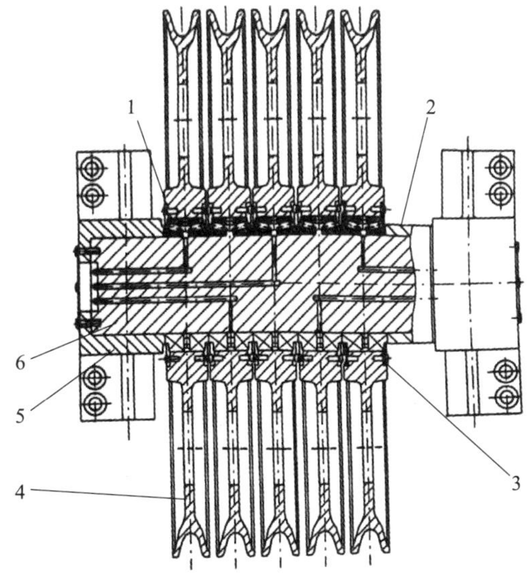

图 2-4 主滑轮总成

1—轴承；2—轴套；3—防尘圈；4—滑轮；5—轴座；6—主轴

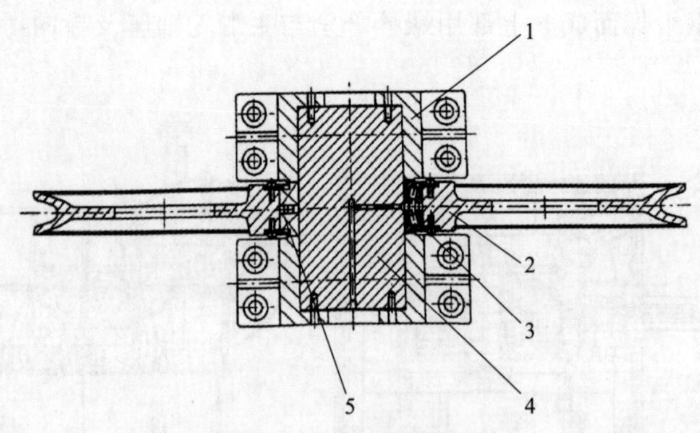

图 2-5 导向滑轮总成

1—轴座；2—滑轮；3—防尘圈；4—轴；5—轴承

天车起重架供维修天车用，有悬臂吊式和桁架式两种结构。悬臂吊式一般用于1700kN 及以下负荷的天车，起吊重量 20kN；桁架式一般用于 2250kN 及以上负荷的天车，起吊重量 50kN。

防碰装置装在天车架底梁下部，采用木料或橡胶板制作，当游车冲撞天车时可起到缓冲作用。

(2)游车

游车在井架内部做上下往复运动，构成动滑轮组。

①型号表示方法

游车型号表示为：

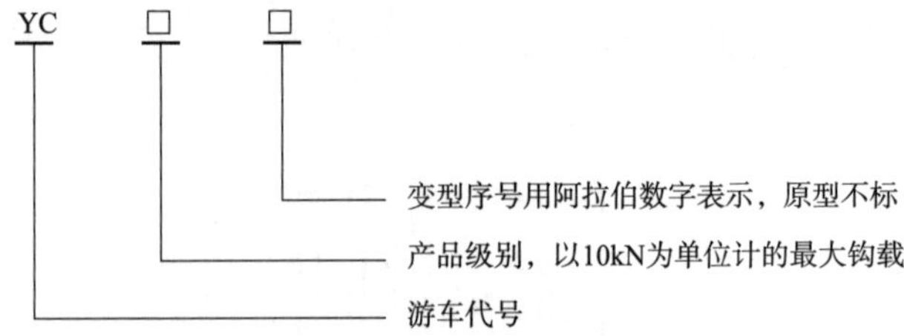

示例：最大钩载 2250kN，第一次变型的游车表示为 YC225-1。

②游车结构

游车主要由吊梁、滑轮、滑轮轴、左侧板组、右侧板组、提环等组成，如图 2-6 所示。滑轮由双列圆锥滚子轴承支承在滑轮轴上，每个轴承都有单独的润滑油道，可通过安装在滑轮轴两端的油杯分别进行润滑。为防止泥浆等污物进入游车内部，在游车两侧装有护板；为防止钢丝绳跳绳，在侧板组上焊有护板，保证钢丝绳安全工作。侧板组上部用吊梁销与吊梁连接。吊梁上有一吊装孔，用于整体起吊游车。提环由两个提环销牢固地连接在两侧板组上。提环销的一端用开槽螺母及开口销固定，摘挂大钩时可拆掉游车的任何一个或两个提环销。

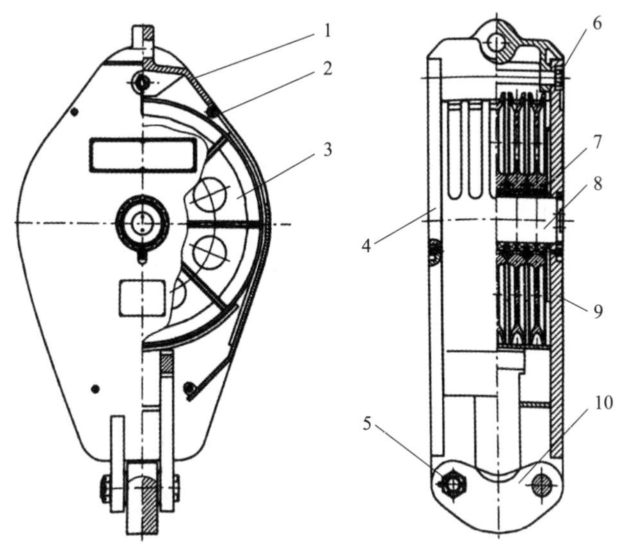

图 2-6　游车结构图

1—吊梁；2—护罩；3—滑轮；4—左侧板组；5—提环销；6—吊梁销；7—轴承；8—轴；9—右侧板组；10—提环

(3)大钩

①型号表示方法

大钩型号表示为：

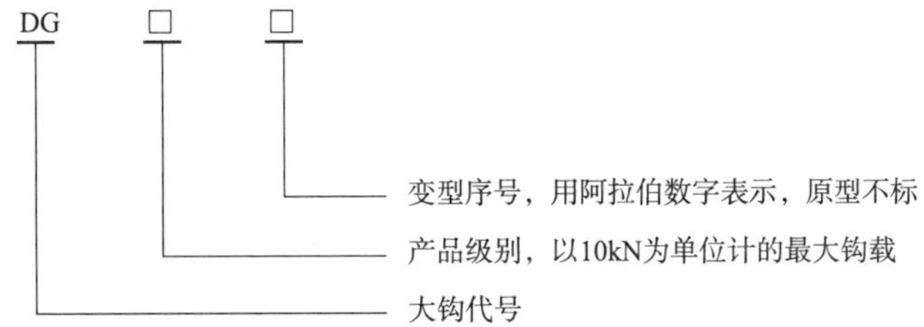

示例：最大钩载 2250kN，第一次变型的大钩表示为 DG225-1。

②大钩结构

大钩分为单钩、双钩和三钩等结构。石油钻机用大钩基本为三钩(主钩及两个副钩，副钩用于挂吊环)。大钩上连游车，主钩下挂水龙头。可以与符合 API Spec 8C 规格同级别的任何种类的吊环、游车及水龙头配套使用。

a. 常规大钩

大钩主要由钩身、钩杆、上下筒体、提环、止推轴承和弹簧等组成，如图 2-7 所示。对大钩的要求是：具有足够的强度和可靠性；钩身能灵活转动，以便上、卸扣；大钩弹簧行程应足以补偿上、卸钻杆时的距离；钩口和侧钩的闭锁装置应绝对可靠，闭启方便；大钩有缓冲减振功能，减小拆卸立根的冲击。

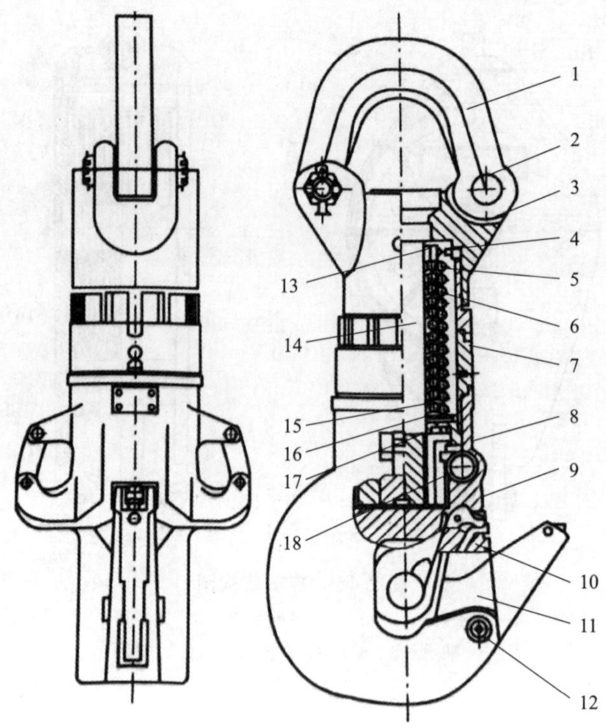

图 2-7 常规大钩

1—提环；2—提环销；3—提环座；4—定位盘；5—外弹簧；6—内弹簧；7—筒体；
8—钩身；9—掣子；10—顶杆；11—安全销体；12—销轴；13—上衬套；
14—钩杆；15—下衬套；16—弹簧座；17—轴承；18—止动装置

大钩的钩身、提环、提环座等均采用特种合金钢材料制成，具有良好的机械性能和较高的承载能力。提环与提环座采用销轴连接，筒体与钩身采用左旋螺纹连接，钩杆与提环座组焊在一起，使钩身与筒体可绕钩杆回转或沿钩杆上下运动。筒体内装有内外弹簧，起钻时能使立根松扣后向上弹起，同时筒体内特殊的结构可使筒体和钩身空腔内的机油具有良好的液力缓冲功能，从而又可以消除卸扣后钻杆的反弹振动，使钻杆接头螺纹不受损坏。

轴承采用推力滚子轴承，靠筒体和钩身空腔内的机油润滑。

筒体上端装有摩擦定位装置，当大钩空载或提升空吊卡时，摩擦盘与提环座之间的摩擦力可阻止钩身的转动，以免吊卡转动，便于操作；当悬挂钻柱时，摩擦盘与提环座间不再有摩擦力，钩身可任意转动，避免发生游车转动现象。

大钩的制动机构可将钩身在 360°范围内每隔 45°锁住。把“止”端的手把向下拉时，钩身锁住，不能转动；把“开”端的手把向下拉时，解除制动，钩身可任意转动。

钩舌装有闭锁装置，水龙头提环挂入后，钩身可自动闭锁，避免水龙头提环脱出。

b. 一体式游车大钩

将游车和大钩连接在一起形成一个整体，独立完成游车和大钩所担负的各项功能，称为一体式游车大钩或游车大钩，如图 2-8 所示。与独立的游车和大钩相比，一体式游车大钩明显减小了整体长度，相应降低了对井架高度的要求。一体式游车大钩担负的各项功能与独立的游车和大钩所担负的各项功能是一样的，其设计要求也相同。

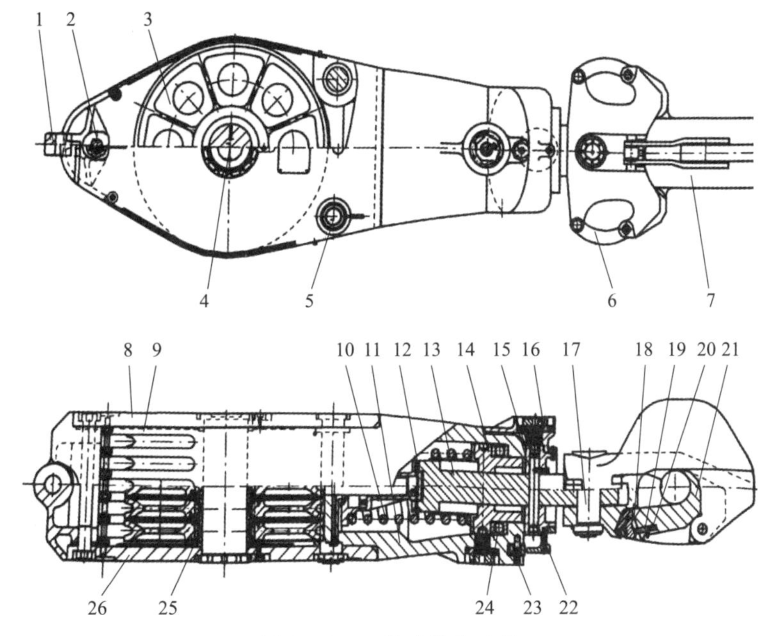

图 2-8　一体式游车大钩

1—吊梁；2—吊梁销；3—滑轮；4—轴；5—筒体销轴；6—护耳；7—大钩体；8—侧板总成 2；9—护罩总成；10—缓冲弹簧；11—筒体；12—钢球；13—钩杆；14—转环；15—定位环；16—转锁总成；17—钩杆销；18—安全块；19—顶杆；20—弹簧；21—掣子；22—油杯；23—滚筒总成；24，25—轴承；26—侧板总成 1

(4)钢丝绳

①钢丝绳

根据国家标准《油田用钢丝绳的应用、维护和使用推荐作法》，钻井钢丝绳宜选用直径范围为 22～57mm 的 6×19 类和 8×19 类右交互捻钢芯钢丝绳或者直径范围为 38～57mm 的 6×36 类和 8×36 类右交互捻钢芯钢丝绳，而目前使用比较多的钻井钢丝绳为 6×19S 右交互捻钢芯钢丝绳，如图 2-9 所示。

钻机选用的钢丝绳应保证在提升最大钻柱重量的情况下，安全系数不小于 3；在提升最大钩载的情况下，安全系数不小于 2。

游动系统钢丝绳的缠绕方式有两种，即花穿和顺穿，如图 2-10 所示。花穿钢丝绳可以使游车运动相对比较平稳，而顺穿钢丝绳能保证为游车提供更大的运动空间并能有效利用井架的高度，因此顺穿方式被更多采用。

图 2-9　6×19S 钢芯钢丝绳结构图

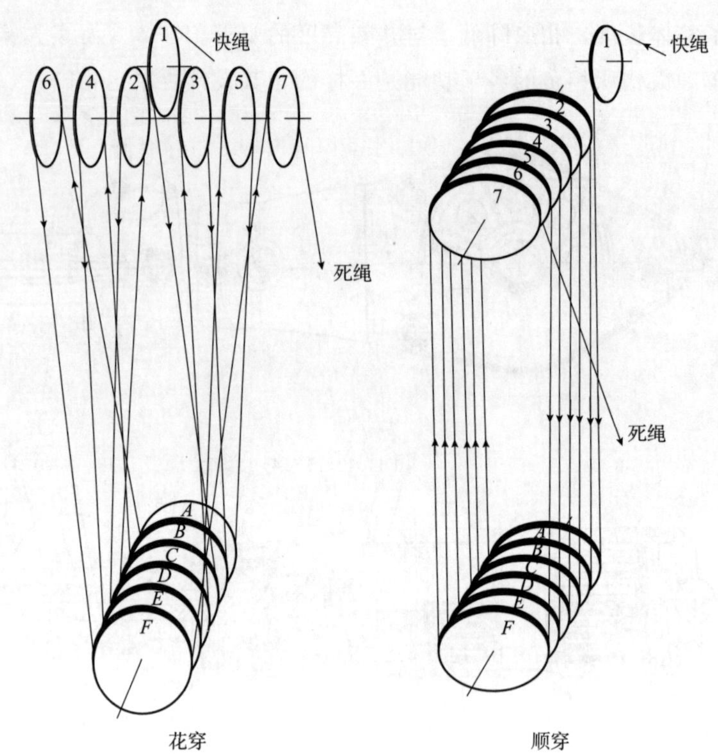

图 2－10　钻井钢丝绳穿绳方式

花穿：绞车滚筒－1－C－2－D－3－B－4－E－5－A－6－F－7－死绳固定器。

顺穿：绞车滚筒－1－A－2－B－3－C－4－D－5－E－6－F－7－死绳固定器。

②钢丝绳与滑轮的运动分析

图 2－11 所示为游动系统示意图。设 v 为大钩速度，v_1，v_2，…，v_z 为各钢丝绳的速

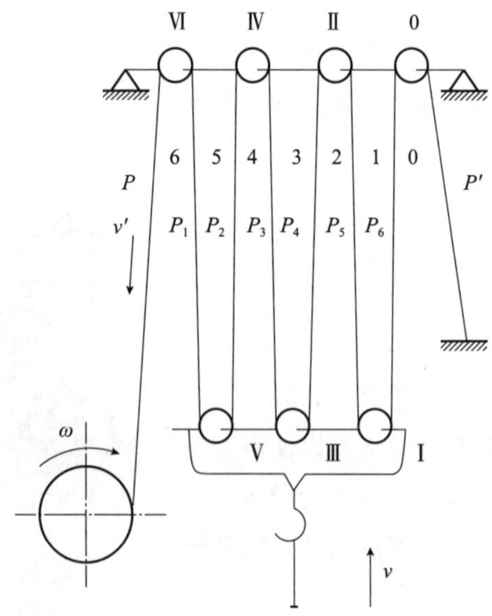

图 2－11　游动系统的运动和钢丝绳拉力

度，v_1'，v_2'，…，v'为钢丝绳的切向速度，z为有效绳数(除快绳和死绳以外的游绳数，有效绳数等于游车滑轮数乘2)，$D_{轮}$为滑轮直径，则钢丝绳速度由快绳侧至死绳侧依次为：

$$v_1=v_{死}=0$$

$$v_2=2v$$

$$v_3=2v$$

$$v_4=4v$$

$$v_z=v_{快}=zv$$

即

$$v_i=\begin{cases}(i-1)v & (当\ i\ 为奇数时)\\ iv & (当\ i\ 为偶数时)\end{cases} \quad i=1,2,3,\cdots,z \tag{2-1}$$

假设滑轮与钢索之间无相对滑动，即钢丝绳无打滑现象，则游动系统滑轮的切向速度及转速分别为：

$$v_0'=0, \qquad n_0=0$$

$$v_1'=v, \qquad n_1=\frac{60}{\pi D_{轮}}v$$

$$v_2'=2v, \qquad n_2=\frac{60}{\pi D_{轮}}2v$$

$$v_3'=3v, \qquad n_3=\frac{60}{\pi D_{轮}}3v$$

$$v_z'=zv \qquad n_z=\frac{60}{\pi D_{轮}}zv$$

即

$$v_i'=iv, \qquad n_i=\frac{60}{\pi D_{轮}}iv \quad i=1,2,3,\cdots,z \tag{2-2}$$

由上述分析可知：在起下钻过程中，各滑轮的转速从死绳侧到快绳侧越来越快，快绳侧滑轮的转速要比死绳侧的高数倍，所以在设计天车和游车滑轮轴承时，应以快绳侧的工况为计算依据。对天车、游车检修时应将其滑轮及轴承倒换一下，以使轴承的寿命和滑轮绳槽的磨损使用均衡。而且，由于快绳侧的钢丝绳弯曲次数比死绳侧多出数倍，故快绳侧的钢丝绳会先疲劳断丝，这就要从断丝处裁掉，并从钢丝绳卷筒上放出一段新绳，在滚筒上重新缠绕。

③钢丝绳拉力和效率

设$Q_{游}$、$\eta_{游}$分别为起升时游动系统的起重量和效率，$Q_{游}'$、$\eta_{游}'$分别为下钻时游动系统的起重量和效率，P、P'分别为快绳和死绳拉力，P_1，P_2，…，P_z分别为游绳拉力，如图2-11所示。

当大钩静止悬重时，各段游绳拉力相等，即：

$$P=P_1=\cdots=P'$$

$$P=\frac{Q_{游}}{z}$$

当起升时，滑轮轴承的摩擦阻力和通过滑轮时的弯曲阻力使各绳拉力发生了变化，即：

$$P>P_1>P_2>\cdots>P_{z-1}>P_z=P'$$

设 η 为一个轮绳的效率，则有：

$$P\eta=P_1,\ P_1\eta=P_2,\ P_{z-1}\eta=P_z$$

即

$$P_1=P\eta,\ P_2=P\eta^2,\ P_z=P\eta^z$$

因为

$$\begin{aligned}Q_{游}&=P_1+P_2+P_3+\cdots+P_z\\&=P(\eta+\eta^2+\cdots+\eta^z)\\&=P\frac{\eta(1-\eta^z)}{1-\eta}\end{aligned}$$

则有：

$$P=\frac{1-\eta}{\eta(1-\eta^z)}Q_{游}$$

由于

$$P=\frac{Q_{游}}{z}\frac{1}{\eta_{游}}$$

所以起钻时的游动系统效率为：

$$\eta_{游}=\frac{\eta(1-\eta^z)}{z(1-\eta)} \tag{2-3}$$

游动系统的效率主要取决于游动系统有效绳数 z，z 越多，则效率越低。另外，还与单轮效率有关，η 的大小又取决于滑轮轴承类型和钢丝绳的特性。

当装滚动轴承、较大的滑轮和采用较软的钢丝绳时，$\eta=0.98$；当装滚动轴承和采用较硬的钢丝绳时，$\eta=0.96\sim0.97$；当装滑动轴承和绳轮较小时，$\eta=0.95$。

下钻时的情况与起钻时相反：

$$P<P_1<P_2<\cdots<P_{e-1}<P_z$$

$$P=P_1\eta=P_2\eta^2=\cdots=P_t\eta^t$$

即

$$P_1=P/\eta,\quad P_2=P/\eta^2,\qquad P_z=P/\eta^z$$

$$\begin{aligned}Q'_{游}&=P_1+P_2+\cdots+P_z\\&=P\left(\frac{1}{\eta}+\frac{1}{\eta^2}+\cdots+\frac{1}{\eta^2}\right)\\&=P\,\frac{1-\eta^z}{\eta^z(1-\eta)}\end{aligned}$$

则有：

$$P=\frac{Q'_{游}}{z}\eta'_{游}$$

所以下钻时的游动系统效率为：

$$\eta'_{游}=\frac{z\eta^{z}(1-\eta)}{1-\eta^{z}} \quad (2-4)$$

通过以上对游动系统的钢丝绳拉力和效率分析可知：在起钻和下钻时各游绳的拉力是不同的，其中起钻时快绳拉力 P 最大，这时的 P 是绞车的基本参数，也是选用钢丝绳的依据。

$\eta_{游}$ 和 $\eta'_{游}$ 虽然计算公式不一样，但当 z 相同时它们的值非常接近，因此取 $\eta_{游}\approx\eta'_{游}$ 也可以保证足够的准确度。根据式(2－3)和式(2－4)：

$$\eta_{游}\ \eta'_{游}=\eta^{z+1}$$

于是有：

$$\eta_{游}=\eta^{\frac{z+1}{2}} \quad (2-5)$$

表 2－2 中给出了常用的 $\eta_{游}$ 值，可供选用。

表 2－2　起下钻时游动系统效率

游动系统结构	有效绳数 z	$\eta_{游}$				
		η=0.98	η=0.97	η=0.96	η=0.95	API 标准
2×3	4	0.95	0.93	0.90	0.88	0.907
3×4	6	0.93	0.90	0.87	0.84	0.874
4×5	8	0.91	0.87	0.82	0.79	0.841
5×6	10	0.90	0.85	0.80	0.75	0.811
6×7	12	0.83	0.82	0.77	0.72	0.770
7×8	14	0.86	0.80	0.74	0.68	0.755
8×9	16	0.84	0.77	0.71	0.65	—

(5)绞车滚筒转速和大钩提升速度

绞车滚筒转速 n_i 为：

$$n_i=n_e/i_i \quad (2-6)$$

式中：n_e——动力机的输出轴转速，r/min；

i_i——绞车第 i 挡提升时从动力机输出到滚筒轴的总传动比。

某挡位下，大钩的提升速度 v_i，为：

$$v_i=\frac{\pi D_i n_i}{60} \quad (2-7)$$

式中：D_i——提升时滚筒缠至第 i 层钢丝绳的工作直径，m。

由于 D_i 的变化，当 n_i 一定时，在提升立根过程中提升速度是阶梯变化的。

2.2　石油修井设备

2.2.1　修井机概述

(1)组成

修井机主要由运载车、车载柴油机、传动轴、往复泵、绞车、井架、天车、游车、大钩、水龙头和转盘等组成。修井机可用于起下油管、抽油杆、小直径钻杆，旋转井下管杆柱，冲洗井底等井下作业，也可用于处理卡钻、修复套管等井下事故。修井机一般由六大设备组成。

①动力驱动设备

动力驱动是为修井机的各工作机(行走底盘、绞车、转盘、液压油泵等)提供动力(功率、转速、扭矩等)的设备，主要由车载柴油机、油箱、管线或电力系统组成。

②传动系统设备

传动系统是连接车载柴油机与绞车、转盘等工作机的设备，主要由变矩器、离合器、变速箱、分动箱、传动轴、齿轮、链条等组成。它将车载柴油机的功率和转速传递并分配给各工作机，同时承担变换速度的任务。

③行走系统设备

行走系统是保证修井机搬迁、移动的运动设备，主要由行走底盘、驱动桥、驱动轮、转向机构、行走系统刹车和驾驶室等组成。

④旋转系统设备

旋转系统提供扭转力，带动井下工具旋转，包括转盘、水龙头、井下工具、钻头等。

⑤循环系统设备

循环系统通过钻井泵将钻井液沿井下管柱泵至井底，再从环空返出，实现循环，携带岩屑，或实现压井等作业。

⑥起升系统设备

起升系统通过井架、绞车、钢丝绳、天车、游车、大钩、吊环起下井内管柱。

修井机结构如图 2-12 所示。

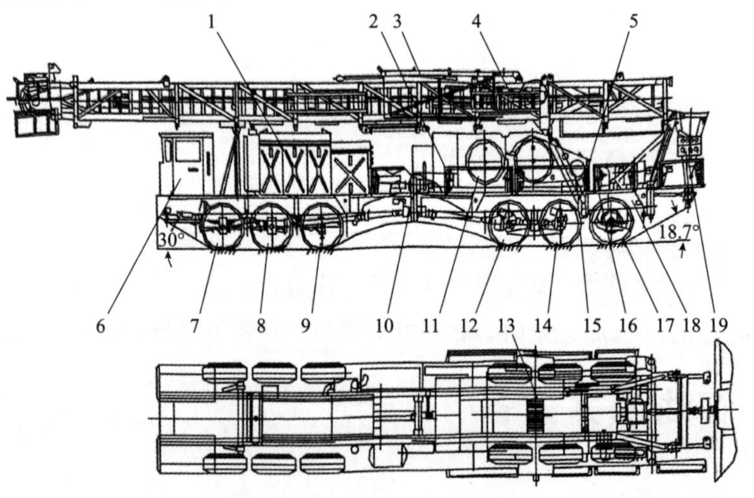

图 2-12 修井机结构

1—发动机及液力变速器；2—折叠式踏板；3—油水箱；4—井架系统；5—液压起升油缸；6—驾驶室；7—Ⅰ桥；8—Ⅱ桥；9—Ⅲ桥；10—分动箱；11—捞砂滚筒；12—Ⅳ桥；13—绞车系统；14—Ⅴ桥；15—水刹车；16—液压小绞车；17—Ⅵ桥；18—底盘；19—司钻控制箱

(2)功能

根据修井工艺中起下钻具、钻、铣、磨、洗井各工序的要求，一般修井机必须具备下列四大功能。

①起下管柱功能

修井机起升系统设备主要包括绞车、井架、游动系统、绞车刹车、井口工具等，要求修井机的绞车具有一定的起重量和起升速度。在动力机输出功率允许的工作范围内，通过游动系统最大限度地减轻绞车的载荷，以提升最大重量的管柱，并经过变速机构，改变绞车的转速，以满足各种起升速度的要求，修井机起下管柱如图 2－13 所示。

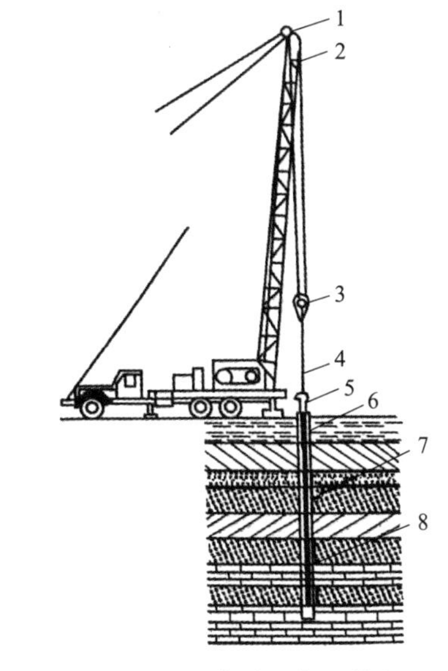

图 2－13　修井机起下管柱

1—天车；2—井架；3—游车大钩；4—抽油杆；5—井口；6—套管；7—油管；8—抽油泵

②循环冲洗功能

修井机的循环系统设备主要包括往复泵、水龙头、水龙带、循环池(大罐)、活动弯头、地面管线和其他配件等。往复泵主要部件包括泵缸、活塞、活塞杆、吸入阀、排出阀。

a. 往复泵工作原理：活塞自左向右移动时，泵缸内形成负压，则储槽内液体经吸入阀进入泵缸内；当活塞自右向左移动时，缸内液体受挤压，压力增大，由排出阀排出。活塞往复一次，各吸入和排出一次液体，称为一个工作循环，这种泵称为单作用泵。若活塞往返一次，各吸入和排出两次液体，称为双作用泵。活塞由一端移至另一端，称为一个冲程。

b. 往复泵的流量和压头：往复泵的流量与压头无关，与泵缸尺寸、活塞冲程及往复次数有关，单作用泵的理论流量 $Q=ASN$，A 为柱塞(活塞)面积；S 为活塞冲程；N 为冲次。往复泵的实际流量比理论流量小，且随着压头的增高而减小，这是漏失所致。往复泵的压头与泵的流量及泵的几何尺寸无关，而由泵的机械强度、原动机的功率等因素决定。

c. 往复泵的安装高度和流量调节：往复泵启动时不需灌入液体，因为往复泵有自吸能力，但其吸上真空高度亦随泵安装地区的大气压力、液体的性质和温度而变化，因此往复泵的安装高度也有一定的限制。往复泵的流量不能用排出管路上的阀门来调节，而应采用旁路阀门、改变活塞的往复次数或冲程来实现。

往复泵启动前必须将排出管路中的阀门打开。

③旋转钻进功能

修井机地面旋转设备主要由转盘、水龙头及其他配件所组成。要求修井机的转盘、水龙头等设备和工具，给井下钻具提供一定的转矩和转速，进行钻、磨、套、铣等作业。

④行走功能

修井机要具有一定的机动行驶能力，能适应各种路面的行走，以满足井下作业时间短、搬迁频繁且迅速、越野性强的特点。

(3)主要部件

①游动系统

a. 天车。天车是一组定滑轮，通过钢丝绳与游动滑车构成游动系统，改变从绞车滚筒钢丝绳传递过来的拉力方向，以完成悬吊与起下作业。

b. 游动滑车。游动滑车是一组动滑轮，通过钢丝绳与天车组成游动系统，将从绞车滚筒钢丝绳传递过来的拉力变为井下管柱上升或下放的动力，并有减轻动力设备负荷的作用。

c. 大钩。大钩的作用是悬吊井内管柱，实现起下作业。大钩有一个主钩和两个侧钩，主钩用于悬挂水龙头，两个侧钩用于悬挂吊环。

d. 钢丝绳。钢丝绳的主要用途是通过天车把绞车、游动滑车连在一起组成游动系统，从而把绞车的旋转运动变为游动滑车的升降运动，达到起下作业的目的。另外，钢丝绳还可用于井架绷绳，固定稳定井架。钢丝绳是由钢丝中间夹麻芯缠死制成的，按结构组成(股数和丝数)分为 6×19、6×24、9×37 等；按捻制方法分为顺捻和逆捻。顺捻伸缩性大，易松股打扭，强度较小，弯曲性、耐磨性好；逆捻与顺捻特点相反。

②吊环

吊环是起下管柱时连接大钩与吊卡用的专用提升用具，用来悬挂吊卡，成对使用。吊环按结构分为单臂吊环和双臂吊环两种形式。

③吊卡

a. 油管吊卡。油管吊卡是用来卡住并起吊油管、钻杆、套管等的专用工具。修井作业施工中常用的油管吊卡一般有活门式和月牙式两种。

b. 抽油杆吊卡。抽油杆吊卡是起下抽油杆的专用吊卡。

(4)修井机分类

a. 按行走底盘分为车载式修井机和自走式修井机。

b. 按动力分为单发(引用底盘动力源)修井机、双发(台上另装发动机作为动力源)修井机、电动(台上安装电动机)修井机、双动力(台上安装发动机和电动机)修井机。

c. 按井架型式分为单节井架修井机和双节井架修井机。

d. 按功能分为钻修两用机、沙漠修井机、滩涂修井机、斜井修井机、防喷修井机等。

e. 按结构型式分为双滚筒修井机、无绷绳修井机、不压井修井机。

f. 按提升负荷分为 20t、30t、40t、80t、100t、120t、150t、180t、225t 等规格的修井机。

修井机生产厂家各有特点、各有所长，大厂家由于规模庞大、实力雄厚，主要是大吨位修井机做得好、产品大量出口。中小型厂家则在中小吨位修井机方面做得精细、专业，

价格更优。以下列出国内制造能力最强、品牌知名度最高的主要修井机供应商。

120～225t 大吨位修井机生产厂商：江汉石油管理局第四机械厂、南阳二机石油装备集团有限公司。

100～180t 中吨位修井机：天津东方先科石油机械有限公司。

20～150t 中小吨位修井机：通化四海石油机械有限公司。

修井机一般是以车载柴油机为动力，近几年电驱修井机发展较快，大有取代以车载柴油机为动力的传统修井机的趋势。

2.2.2 修井机典型零部件结构

为满足小修、大修的不同功能要求，小修修井机和大修修井机（大吨位钻修机）各执行部件的结构和功能有所不同。以大修修井机为例，大修修井机一般都具备起升和转盘旋转功能，主要部件有运载车底盘、角传动箱、主滚筒总成、捞砂滚筒总成、主滚筒刹车、主滚筒辅助刹车、捞砂滚筒刹车、转盘传动箱、井架总成、钻台总成、船型底座等。图 2-14 所示为 XJ1600 修井机系统构成图。

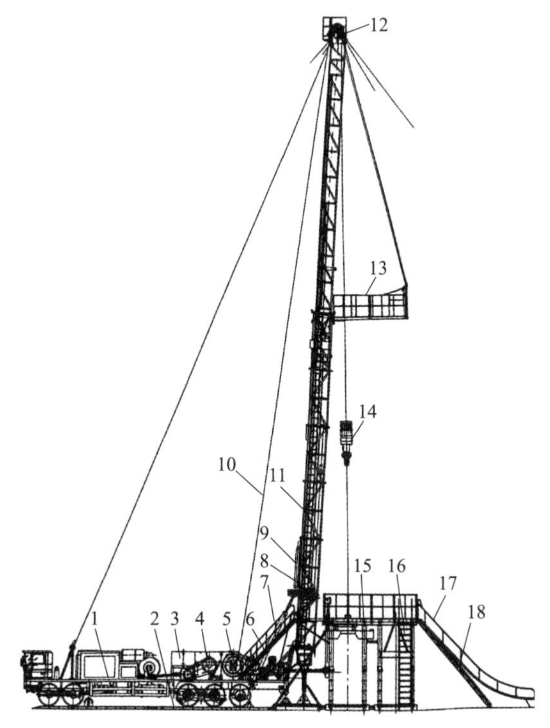

图 2-14 XJ1600 修井机系统构成图

1—运载车底盘；2—船型底座；3—液压系统；4—捞砂滚筒总成；5—主滚筒总成；
6—转盘传动箱；7—高低位梯子；8—高位司钻箱；9—吊钳平衡筒；10—大绳；
11—井架总成；12—天车总成；13—二层平台；14—游车大钩；
15—升降式钻台主体；16—钻台梯子；17—逃生滑道；18—钻杆滑道

①主滚筒总成

大修修井机绞车一般为双滚筒，即一套主滚筒、一套捞砂滚筒。主滚筒包含滚筒体、刹车鼓(盘)、滚筒轴、动力链轮、辅助刹车链轮、主推盘离合器、辅助刹车离合器等，如图 2－15 和图 2－16 所示。主滚筒刹车有带式刹车和盘式刹车，辅助刹车有水刹车、盘式油刹车等形式。为了有效降低刹车过程中刹车鼓产生的热量，带式刹车鼓也可采用内通道水循环结构。捞砂滚筒上缠绕着几千米的钢丝绳，用于井内抽汲排液或捞砂取样。捞砂滚筒包含滚筒体、滚筒轴、刹车鼓、刹车总成、推盘离合器等零件。

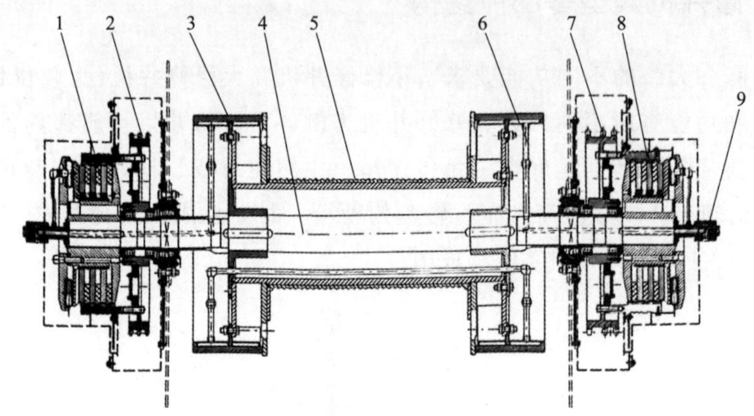

图 2－15　水循环冷却鼓式刹车主滚筒

1—辅助刹车离合器；2—辅助刹车链轮；3—内循环刹车鼓；4—滚筒轴；5—滚筒体；6—循环水道；7—主滚筒链轮；8—主滚筒离合器；9—导水导气龙头

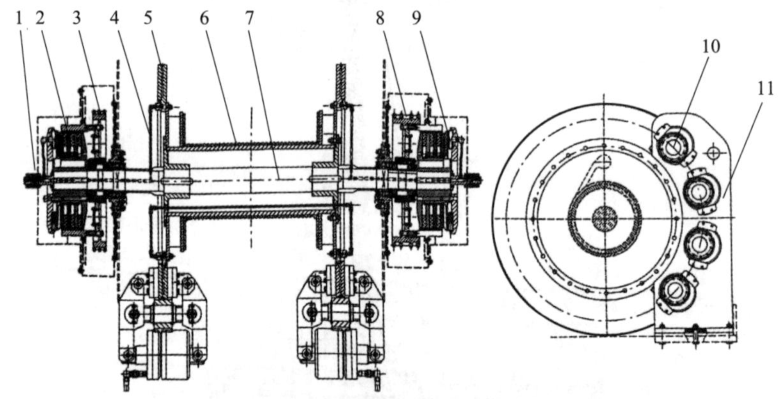

图 2－16　水循环冷却盘式刹车主滚筒

1—导水导气龙头；2—辅助刹车离合器；3—辅助刹车链轮；4—循环冷却水管；5—内循环盘式刹车鼓；6—滚筒体；7—滚筒轴；8—主滚筒链轮；9—主滚筒离合器；10—盘式刹车工作钳；11—支架

②水刹车

滚筒在旋转过程中，滚筒链轮通过链条带动水刹车链轮旋转，水刹车链轮带动水刹车轴转动，固定在水刹车轴上的转子被带动旋转，转子搅动水刹车内部冷却水转动，冷却水

被甩到水刹车定子叶片上，起到阻力作用，从而降低滚筒转速，起到辅助刹车作用。水刹车只能起辅助刹车作用，不能依靠其刹车使滚筒停止转动。水刹车结构如图 2-17 所示。

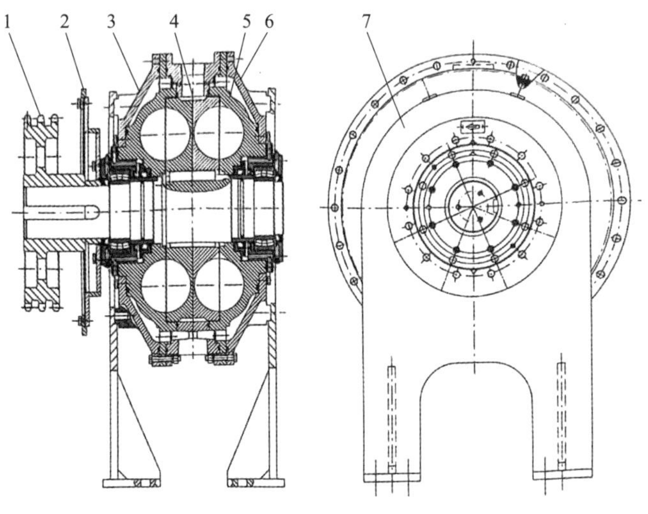

图 2-17　水刹车结构图

1—链轮；2—连接板；3—水刹车外壳体 1；4—转子；5—定子；6—水刹车外壳体 2；7—水刹车固定架

③转盘传动箱

转盘传动箱及转盘动力传动如图 2-18 和图 2-19 所示。转盘传动箱动力是从主滚筒链轮上取得的，其输出轴后部安装有反扭矩释放装置，可以控制钻杆反扭矩释放。

④角传动箱

角传动箱是将发动机动力传递到绞车上的一个齿轮箱，如图 2-20 所示。可依据功能要求设计成不同的形式，其中齿轮为锻件，箱体可为焊接件或铸钢件。

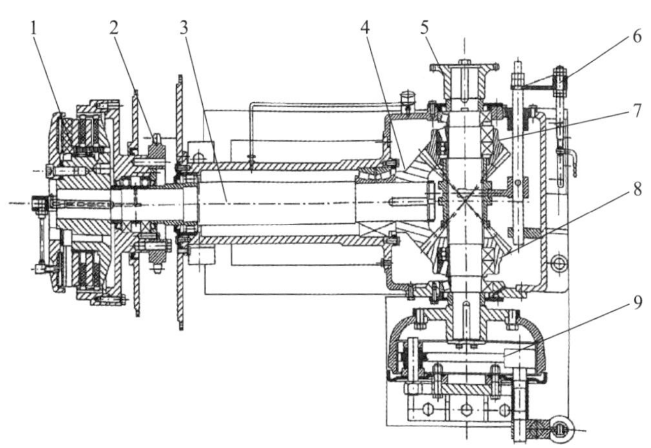

图 2-18　转盘传动箱

1—转盘离合器；2—链轮；3—输入轴；4—输入齿轮；5—输出法兰盘；6—拨叉；7—输出正向齿轮；8—输出反向齿轮；9—反扭矩释放装置

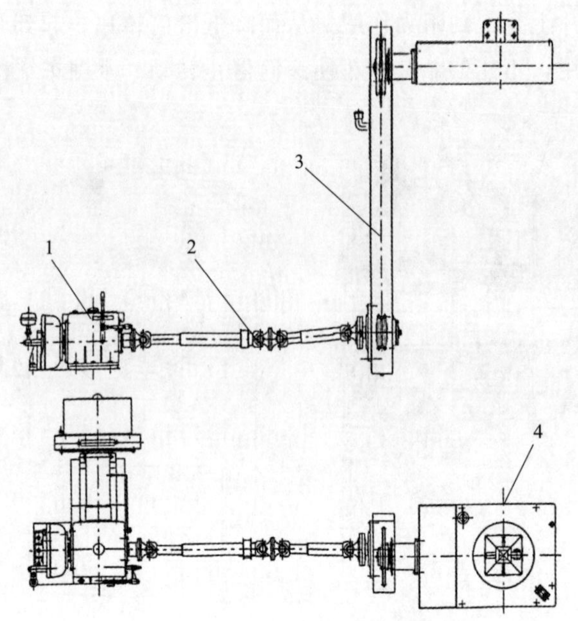

图 2-19　转盘动力传动示意图

1—转盘传动箱；2—传动轴总成；3—爬坡链条盒；4—转盘总成

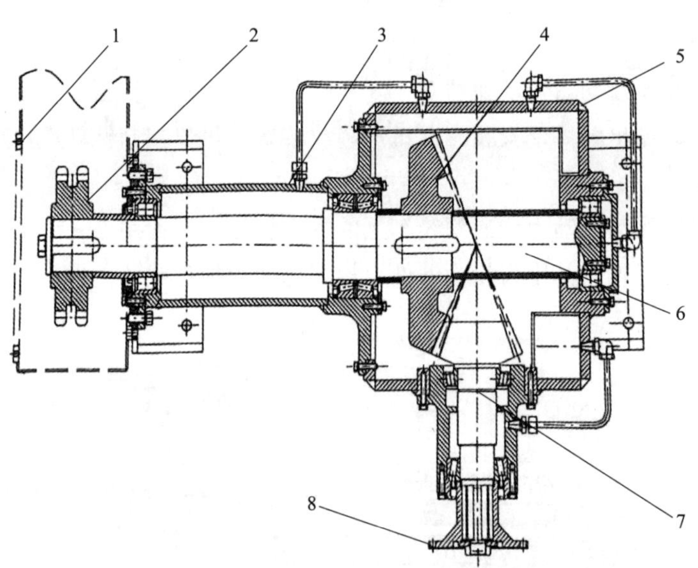

图 2-20　角传动箱结构图

1—链条盒；2—链轮；3—轴套；4—输出齿轮；5—箱体；6—输出轴；7—输入齿轮轴；8—传动轴法兰盘

2.3　机械采油设备

2.3.1　机械采油设备概述

目前，国内外的采油方法可分为自喷采油法和机械采油法两种。自喷采油法的特点是利用地层本身的能量来举升原油，这种方法是最经济的采油方法。但是有些油田地层的原始能量过低，一开始就无法自喷采油；还有一些油井，经过一定时期的自喷开采后，地层能量逐渐下降，也不能保持自喷，这时就必须人为地用机械设备给井内液体补充能量，才能把原油举升至地面，这种开采方法称为机械采油。机械采油又分为两大类，即气举法和抽油泵开采法。气举法的特点是利用压缩气体的能量，把原油举升至地面。而抽油泵开采法的特点是将各种结构的泵放到井下进行抽油。

(1)机械采油设备的分类

抽油泵开采法的设备可分为两大类，即有杆抽油设备和无杆抽油设备。

①有杆抽油设备

所谓有杆抽油设备是指由地面抽油机通过下入井中的抽油杆柱带动井下抽油泵中的柱塞做上下往复运动，从而将井内液体抽到地面的抽油设备。地面抽油机包括游梁式抽油机、无游梁式抽油机、链条式抽油机、钢丝绳式抽油机、地面驱动螺杆泵、液压传动抽油机等。

②无杆抽油设备

所谓无杆抽油设备是指不借助于抽油杆向井下传递动力，而将井下液体抽至地面的抽油设备，包括水力活塞泵、电动潜油离心泵、射流泵、潜油螺杆泵等。

(2)有杆抽油系统的组成及工作原理

在有杆抽油设备中，国内外应用最广泛的是游梁式抽油机——抽油泵装置。它的结构简单、制造容易、维护方便。图 2－21 所示为游梁式抽油机—抽油泵装置简图。整套装置由三部分组成：一是地面部分——游梁式抽油机，由电动机、减速器和四连杆机构组成；二是井下部分——抽油泵，悬挂在套管中油管的下端；三是联系地面和井下的中间部分——抽油杆柱，由一种或几种直径的抽油杆和接箍组成。

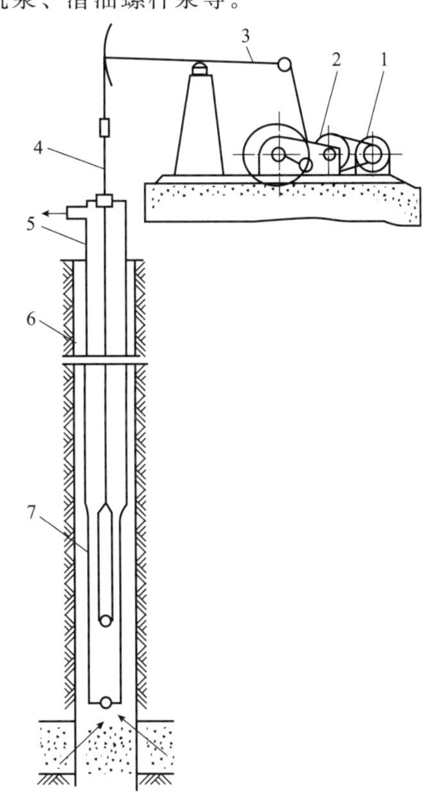

图 2－21　游梁式抽油机——抽油泵装置简图

1—电动机；2—减速器；3—四连杆机构；4—抽油杆柱；5—油管；6—套管；7—抽油泵

由图 2－21 可见，电动机通过三角皮带传动到减速器减速后，由四连杆机构把减速器输出轴的旋转运动变为游梁驴头的往复运动，用驴头带动光杆和抽油杆做上下往复的直线运动，通过抽油杆再将这个运动传给井下抽油泵中的柱塞。在抽油泵泵筒的下部装有固定阀(吸入阀)，而在柱塞上装有游动阀(排出阀)，当抽油杆向上运动，柱塞做上冲程时，固定阀打开，泵从井中吸入原油。同时，由于游动阀关闭，柱塞将它上面油管中的原油上举到井口。这就是抽油泵的吸入过程。当抽油杆向下运动，柱塞做下冲程时，固定阀关闭而游动阀打开，柱塞下面的油通过游动阀排到它的上面。这就是抽油泵的排出过程。

随着井深和产量的不断增加，同时随着油井开采复杂条件的经常出现(如高黏、多蜡、多砂、多气、水淹和强腐蚀性等条件)，游梁式抽油机——抽油泵装置的缺点越来越明显，主要是该种抽油机重量大，不易实现长冲程，在生产中抽油杆的事故增多而使抽油泵的排量降低。

为了减轻抽油机的重量，采用了无游梁式抽油机。各种无游梁式抽油机的共同特点是保留抽油杆，维持有杆抽油设备的工作方式。无游梁式抽油机的采用，可以降低抽油杆柱的应力，改善它的工作条件，因而扩大了有杆抽油设备的使用范围。

2.3.2 游梁式抽油机

(1)结构组成及工作原理

常规型游梁式抽油机结构组成主要包括动力机、减速器、曲柄、连杆、平衡块、游梁、支架、驴头、底座和悬绳器等，如图 2-22 所示。

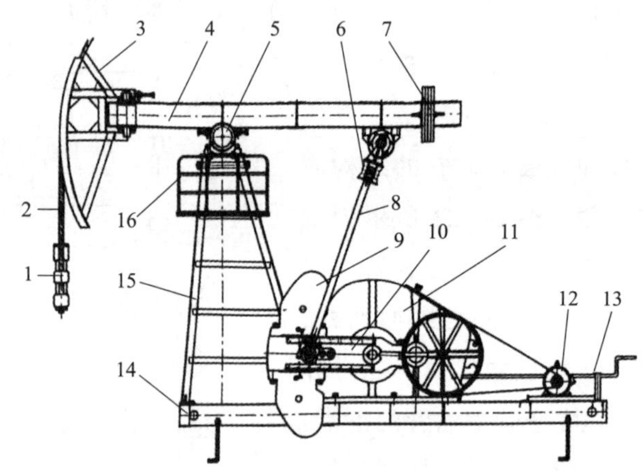

图 2-22 常规型游梁式抽油机结构组成示意图

1—悬绳器；2—钢丝绳；3—驴头；4—游梁；5—支架轴；6—横梁；7—游梁平衡块；8—连杆；9—曲柄平衡块；10—曲柄；11—减速器；12—电动机；13—刹车；14—底座；15—支架；16—护栏

抽油机工作时，电动机转速通过皮带传动到减速器，然后由减速器输出轴驱动曲柄、连杆、横梁、游梁(四连杆机构)，把减速器输出轴的旋转运动变为游梁与驴头的往复运动，并通过悬绳器带动抽油杆柱和抽油泵做上下往复的运动，实现对原油的抽汲。

①电动机装置及电动机控制柜。电动机总成主要由电动机、小皮带轮、导轨等零件组成。电动机装在导轨上，电动机导轨安装在抽油机底座的导轨上，电动机相对抽油机底座可在前后左右四个方向上调整位置，用以调整皮带的松紧。电动机的轴端靠锥套或键安装不同直径的小带轮，可以方便更换不同直径的电动机皮带轮，从而使抽油机得到不同的冲次。通过电动机控制柜实现对电动机工作状态的控制。

电动机是抽油机运转的动力来源，将电能转变成机械能，一般采用感应式三相交流电动机。

②减速器。传动形式为分流式人字齿（双斜齿）或展开式斜齿圆柱齿轮传动，齿形可采用点啮合双圆弧齿形或渐开线齿形，由电动机通过皮带直接传动，从而使曲柄做旋转运动，带动连杆、横梁、游梁、驴头运动。主动轴一端安装大皮带轮，另一端安装刹车装置；从动轴通过楔键与曲柄相连。

减速器的作用是将电动机的高速转动通过三轴二级减速转变成曲柄轴的低速转动，同时支撑平衡块。

③曲柄装置。由曲柄、平衡块、锁紧块等组成，用来平衡光杆负荷对减速器产生的扭矩。两个曲柄通过锁紧螺栓对称固装在减速器的输出轴上，传递扭矩。曲柄结构如图 2-23 所示，曲柄上有若干个直径相同的曲柄销孔，将曲柄销紧固在不同的曲柄销孔内，即可调节抽油机冲程长度，曲柄还装配有齿条，用来调节平衡块在曲柄上的位置。

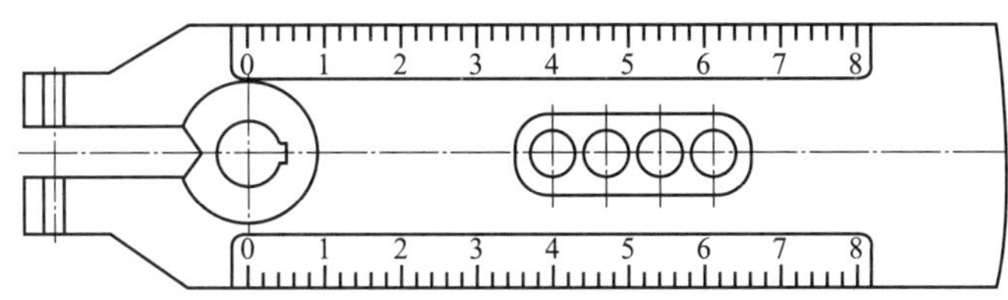

图 2-23 曲柄结构图

抽油机上行程时平衡块向下运动，帮助电动机做功；下行程时平衡块向上运行，储存能量以便在下行时释放。平衡块的作用是减小电动机上下行程的载荷差。

④连杆装置。由无缝钢管和上、下接头组焊而成的连杆，由连杆销、曲柄销及曲柄销轴承座组成。它的上端与横梁连接，下端与曲柄连接。

曲柄连杆机构的作用是将电动机的旋转运动转变成驴头的上下往复运动。

⑤横梁。由型钢、钢板焊成的工形截面梁，通过其轴承座装于游梁尾部，并与连杆相连。

⑥游梁。由型钢和钢板组焊而成，选用箱式或工字钢结构。它的前端与驴头连接，后端与横梁连接；中部有四个长孔，固定在游梁支架上，依靠四个调节螺栓对游梁位置进行微调，使驴头悬点对准井口中心，防止由于驴头的偏心引起抽油杆的磨损或其他损坏。

游梁的作用是绕支架轴承上下摆动以传递动力。

⑦支架装置。由前架、后撑、护栏和支座等组成。前架和后撑是由型钢组焊并装配而成的塔形或三角支架结构。前架上装有梯子，供安装和检修使用。支架通过支架支座和游梁支座与游梁装配连接，底部连接板通过螺栓与抽油机底座装配连接。

⑧驴头。由钢板组焊而成，驴头制成弧形是为了抽油时保证光杆始终对准井口中心，同时承担各种载荷的作用。驴头与游梁的连接方式有悬挂式、穿销式、螺栓连接三种。驴头根据移开井口方式分为：上翻式，驴头穿销为横穿式，可上翻 180°；侧转式，驴头穿销为立穿式，可侧转 180°；可拆卸式，为螺栓连接。

⑨刹车装置。有内胀式和外抱式两种，靠刹车片和车轮毂接触时发生摩擦而起到制动作用。

⑩底座。主要由工字钢、槽钢组焊而成，前端安装支架，中间台座安装减速器，后端安装电动机装置、刹车装置。底座采用地脚螺栓连接或压杠连接两种方式，其两端各打有中心线标记，以便安装找正时使用。

⑪悬绳器、光杆卡子和吊绳。吊绳是钢丝绳，挂在驴头上部绳架体上，下部挂上悬绳器。悬绳器由单层负荷挂板、钢丝绳紧固件和防跳挡板组成，负荷挂板的两端对称开有由上至下贯通的钢丝绳固定孔，钢丝绳穿入钢丝绳固定孔内，光杆卡子可分别卡住不同直径的光杆，其结构如图 2-24 所示。

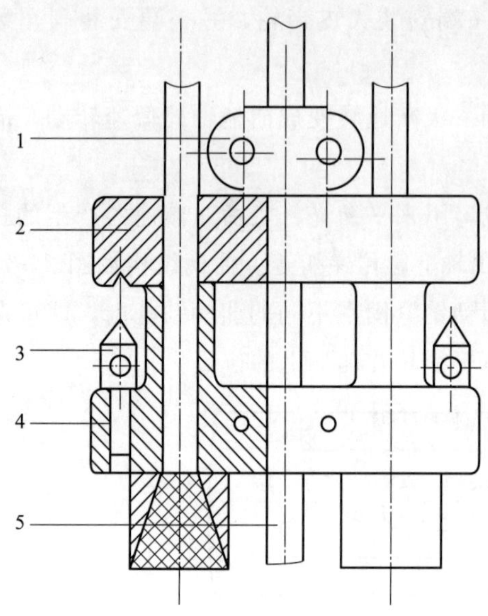

图 2-24　悬绳器结构示意图

1—光杆卡子；2—上板；3—丝顶；4—下板；5—光杆

(2)抽油机的平衡

抽油机工作时分为上、下两个冲程，其中电动机所承受的载荷相差很大，因此需要采取平衡措施。为了使抽油机工作到达平衡状态，在下冲程中把抽油杆自重做的功和电动机输出的能量储存起来的方式称为平衡方式。目前常用的平衡方式有机械平衡和气动平衡。

机械平衡方式是以增加平衡重块的位能来储存能量，在上冲程中平衡重降低位能，帮助电动机做功。机械平衡有以下三种方式：

①游梁平衡：在游梁的尾部装设一定重量的平衡块，这是一种简单的平衡方式，适用于 3t 以下的轻型抽油机。

②曲柄平衡：是将平衡块装在曲柄上，这是一种在油田上常用的平衡方式，适用于重型抽油机。这种平衡方式减少了由游梁平衡引起的抽油机摆动，调整比较方便，但是曲柄上有很大的负荷和离心力。

③复合平衡：在一台抽油机上同时使用游梁平衡和曲柄平衡。它的特点是小范围调整时，可以调整游梁平衡；大范围调整时，则调整曲柄平衡。这种平衡方式适用于中型抽油机(中深井)。

气动平衡方式是利用气体的可压缩性来储存和释放能量，使电动机在上下冲程做功相等或近似，即用气缸平衡的平衡方式。它可用于 10t 以上重型抽油机。这种平衡方式减少了抽油机的动负荷及震动，但其装置精度要求高，加工复杂。

2.3.3　电动潜油离心泵采油设备

电动潜油离心泵采油设备主要由井下部分、地面部分和辅助设备三部分组成，其中井下部分主要有多级潜油离心泵、气体分离器、保护器和潜油电动机。它具有排量范围大、扬程高、地面设备占用面积和空间小、便于管理、使用寿命长、可以根据产出液变化要求进行调速、适用于斜井与水平井等优点，但也因设备结构较复杂、成本较高、作业难度较大和不易维护等缺点而限制其广泛应用。

(1)多级潜油离心泵

潜油泵(多级潜油离心泵)是电动潜油离心泵采油系统的工作机。为了提高泵的扬程，一般采用多级离心泵，泵的每一级都包括一个固定在壳体上的导轮和一个转动的叶轮。目前抽汲原油用离心泵多为闭式、单吸、径向或混合式叶轮。

多级潜油离心泵由转动和固定两部分组成，如图 2 - 25 所示。转动部分包括泵轴、轴中部安装的多级叶轮、轴上端的径向滑动轴承和推力滑动轴承、轴下端的径向滑动轴承等；固定部分包括与每一级叶轮相配的导轮、泵壳、填料密封装置等。填料密封装置将保护器和电机的内腔室与泵的吸入端隔开，防止原油渗漏入电机——保护器系统。

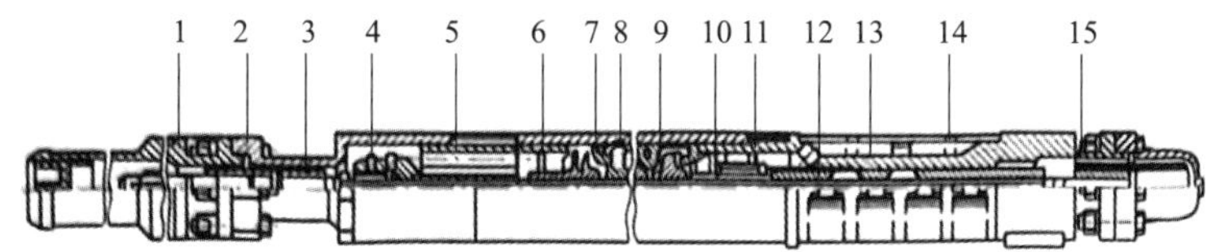

图 2 - 25 多级潜油离心泵

1—上节；2—下节；3—花键联轴器；4—上部推力滑动轴承；5—径向滑动轴承；6—导流装置；7—叶轮；8—外壳；9—泵轴；10—键；11—下部推力滑动轴承；12—保护套筒；13—底座；14—过滤器；15—传动联轴器

叶轮在轴上的固定方式有固定式和浮动式两种。对于大流量泵，叶轮一般固定在泵轴上，叶轮上及压差所产生的全部轴向推力由安装在保护器内的推力滑动轴承承受。对于深井用潜油泵，叶轮采用浮动式结构，即叶轮可以沿泵轴的轴向窜动。泵工作时，按流量的大小，叶轮可以靠在上止推垫或下止推垫上，每一级叶轮所产生的轴向推力可以通过止推垫作用到固定的导轮上，而整节泵的上、下压差所产生的轴向力则仍由保护器中的推力滑动轴承承受。

浮动式叶轮离心泵应在推荐的流量范围内工作，即叶轮位于自由浮动区。工作时如果大于设计流量，叶轮作用在出口端的力小于作用在入口端的力，叶轮将被推向上，产生上推力；如果小于设计流量，叶轮出口端的受力较大，叶轮产生向下的推力。

多级潜油离心泵的工作原理与地面使用的普通离心泵相同。潜油泵工作时应完全浸没在被抽汲的液体中，使潜油泵内首先充满液体。当机组启动后，潜油电动机带动潜油泵轴及轴上的叶轮高速旋转，叶轮的叶片驱使流道内的液体转动，这部分转动的液体依靠惯性在叶轮叶片的作用下向叶轮外缘流去。由于液体流动的连续性，这部分向叶轮外缘流动的液体对叶轮吸入口处的液体产生一种吸力，使叶轮吸入口处的液体填充流向叶轮外缘的液体所占有的空间。在此过程中，叶轮对液体做功，使液体得到能量而流出叶轮。流出叶轮的液体直接进入导轮的压出室，压出室把这部分液体收集起来，适当降低液体的流动速度，将部分动能转化为压能后，再将这部分液体引入导轮的吸入室，供下一级叶轮抽汲。

这样液体逐级流过泵内所有的叶轮、导轮，每流过一级叶轮、导轮，其压能就提高一次。经逐级压能叠加后，在潜油泵的出口处就获得一定的能量增值，即产生一定的扬程，从而达到抽送液体的目的。

(2)保护器

潜油离心泵长期在油液下面工作，沉没深度达几十或几百米，潜油电动机外壳受到很大的压力，地层液极易由接缝处渗入电动机内部，破坏其正常工作。保护器的功用是：无论沉没度多大，都应保证地层液不进入电动机内部；在电泵机组启动或停止时，给电动机油的热胀冷缩和漏失提供补偿条件；保护器内的止推轴承承担泵所产生的一部分轴向力，同时对泵下部的轴承提供润滑条件；通过保护器轴和花键套，将电动机轴和泵轴连接起来。

保护器分为活塞式、橡皮囊式和重液隔离式三种。其中，橡皮囊式保护器由保护器和补偿器两部分组成。保护器装在泵和电动机之间，用于防止地层液侵入电动机内部。补偿器装在电动机下部，用以补偿电机内部变压器油的漏失。

橡皮囊式保护器有两种方案，如图 2－26 所示。方案(a)中，保护器腔室 A 和 B 中充满稠油，腔室 C 和整个电机中充满稀油。当腔室 A 充满稠油时，橡皮囊被压向保护器轴。在保护器橡皮囊的上方有端面密封，用以隔绝腔室 A 和腔室 C。在腔室 C 下部的保护器轴上装有专门的离心泵叶轮，当井下机组工作时，叶轮在腔室 C 中造成剩余压力，使橡皮囊扩张，压迫 B 室中的稠油，进而使 A 室中油压提高。A 室中的稠油对泵下部轴承起润滑作用。当 A 室中稠油通过泵下部填料密封处漏失时，橡皮囊在剩余压力作用下向外扩张，B 室中稠油予以补充，直到橡皮囊扩张到保护器壳内壁为止。此时，B 室压力降低，B 室中的单流阀打开，使部分地层液进入 B 室，再进入 A 室，从而使得稠油消耗完以后，泵的下部轴承还可以正常工作一段时间。

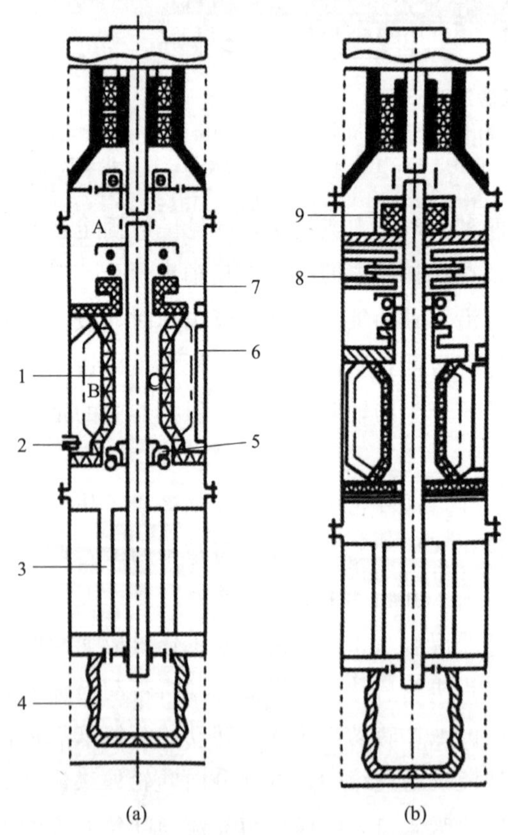

图 2－26 橡皮囊式保护器结构示意图

1—保护器橡皮囊；2—单流阀；3—电动机；4—补偿器橡皮囊；5—专门叶轮；6—小管；7，9—端面密封；8—推力滑动轴承

位于电动机下部的补偿器的壳体中也装有橡皮囊，内充稀油。壳体上有孔，使橡皮囊与井中液体相接触，使其内部油压随井中压力而变化，在电动机内部油温变化和漏失的情况下，自动地起着调节容积和补充的作

用。由于补偿器单独安装，故即使在稠油消耗完以后，电动机内部腔室还能维持密封状态。

方案(b)中，只采用一种变压器油，不用稠油；不在电动机内部造成油液的剩余压力，减少了端面密封处变压器油的漏失。为了更可靠地密封电动机和滑动轴承，增加了一个端面密封。用推力滑动轴承代替泵下部的径向止推滚珠轴承，承受泵轴上的轴向力。上端面密封处油液的漏失由保护器中的变压器油补偿，下端面密封处油液的漏失由补偿器中的变压器油补偿。方案(b)的结构如图 2-27 所示。

重液隔离式保护器使用一种高重度的液体，将电机内的变压器油与地层液隔开，以保持电机内部油压与地层液压力平衡，并补偿由于热胀冷缩引起的电动机油容积的变化。如图 2-28 所示，该保护器的上方安装有三道由两种硬度的碳化钨合金组成相等磨面的端面密封，以减少漏失量。密封上部锡青铜制的螺母起防止砂子进入密封室的作用。保护器下端安装推力滑动轴承，中段有两个腔室：内腔充以变压器油，并与电动机内腔相通；外腔与地层液相通；内、外腔间充满高重度的隔离液(氟油)，将变压器油与地层液隔开。当电动机工作或停转、变压器油发热膨胀或冷却收缩时，隔离液在外腔内升高或下降。

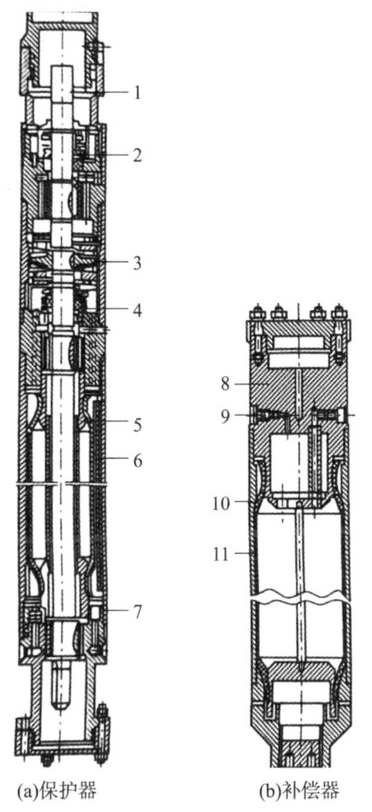

图 2-27 橡皮囊式保护器

1—保护器轴；2—上部端面密封；3—推力滑动轴承；4—下部端面密封；5—保护器橡皮囊；6—壳体；7—单流阀；8—补偿器头；9—移注阀；10—补偿器橡皮囊；11—外壳

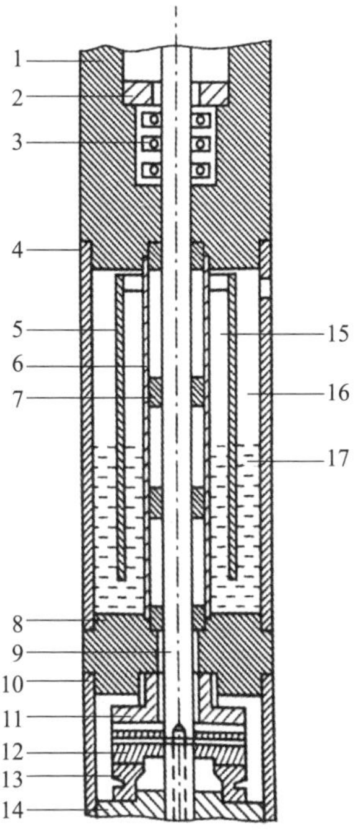

图 2-28 重液隔离式保护器

1—上接头；2—螺母；3—端面密封；4，10—外壳；5—呼吸管；6—护轴管；7—扶正轴承；8—接头；9—轴；11—定位螺母；12—推力滑动轴承动环；13—推力滑动轴承静环；14—下接头；15—电动机内部冷却液(变压器油)；16—地层液；17—氟油

(3)潜油电动机

潜油电动机作为驱动潜油泵的动力，一般为两级三相鼠笼感应式异步电动机，电动机内充满电解强度高、润滑和热传导性能好的低黏度矿物油(变压器油)。其作用一是润滑轴承；二是冷却电动机，电动潜油离心泵的井下机组下入射孔之上的某一位置后，进入井筒的地层液经过电动机向上流动，电动机产生的热量通过该变压器油传给电动机壳体，再由壳体将热量传给流过壳体外表面的井液，将电动机产生的热量带走，使电动机冷却；三是绝缘电动机定转子。

潜油电动机结构如图 2-29 所示，其转子轴一般是空心的，以利于变压器的循环。潜油电动机的特点是：外廓直径小，必须能够下到 5～8in 的套管柱中；长度大，转子通常为 3.6～5.5m，单节电动机最大长度可达 9m，最大功率达 150～370kW，而串联电动机最长可达 30m，最大功率达 735kW；电动机内止推轴承多为滑动型，它要求电动机只能按正确的方向转动，否则会过早损坏电动机。电动机绝缘材料耐温大约为 180℃，有些电动机定子槽内灌注环氧树脂，以便提高端部线圈的防震性能和改善电动机的热传导能力。

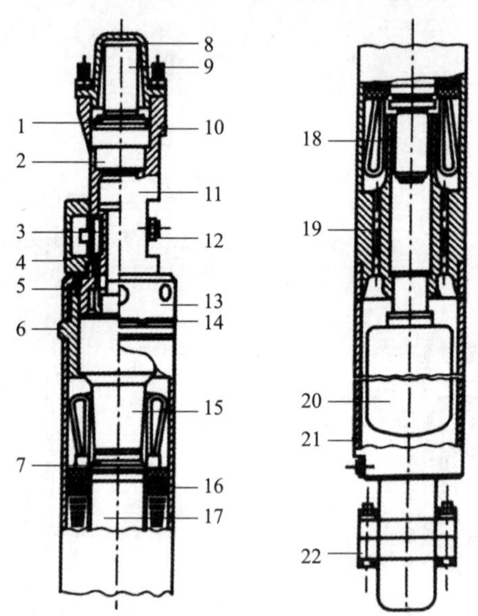

图 2-29　潜油电动机结构示意图

1—止推轴承；2—轴承基础；3—电缆入口处电刷；4—电缆入口处盖帽；5—环；6—短节；7—循环矿物油小涡轮；8—上盖；9—花键联轴器；10—上接头；11—止推轴承垫；12—反向阀门；13—压紧螺帽；14—垫圈；15—轴承壳体；16—电动机定子；17—电动机转子；18—电动机头部；19—轴承支架；20—滤清器；21—壳体；22—下部盖帽

(4)气体分离器

当含有大量游离气的井液进入潜油离心泵时，游离气会对离心泵的性能产生很大影响，严重时可使离心泵的流道大部分空间被气体占据而产生气锁现象，最终使离心泵停止排液。

气体分离器位于保护器和多级离心泵之间，固定在泵的下部，其有两个基本作用：一是作为井液进入多级离心泵的吸入口；二是在混合气液进入离心泵之前，先将通过气体分

离器的气、液两相分离。被分离的气体进入油套环空，液体则进入离心泵。

按气体从混合气液分离的方式及其结构的不同，可将气体分离器分为沉降式（重力式）、旋转式（离心式）和涡流式三种；按分离能力，可分为单级与双级两种。沉降式分离器是自然分离，分离效果较差，分离效率较低；旋转式和涡流式分离器是强制分离，分离能力较强，分离效率较高。

2.3.4　螺杆泵采油设备

螺杆泵是一种技术含量高的容积式泵，兼有离心泵和容积泵的优点。螺杆泵运动部件少，没有阀体和复杂的流道，吸入性能好，水力损失小，介质连续均匀吸入和排出，砂粒不易沉积且不怕磨，不易结蜡，没有凡尔，不会产生气锁现象。

螺杆泵采油系统还具有结构简单、体积小、重量轻、噪声小、耗能低、投资少，以及使用、安装、维修、保养方便等特点。

(1)地面驱动单螺杆泵采油

地面驱动井下单螺杆泵采油系统（简称螺杆泵采油系统）由四部分组成：电控部分、地面驱动装置、井下泵部分和配套工具部分。其工作原理是地面驱动装置将电机的旋转运动经减速器变成低速运动并传递给光杆，光杆连接抽油杆和螺杆泵转子，转子在与油管固定连接的定子内旋转，井液经过泵增压后，通过油管举升到地面。

①单螺杆泵

单螺杆泵是摆线内啮合螺旋齿轮副的一种应用，由两个互相啮合的转子（螺杆）和定子（衬套）组成，当转子在定子的不同位置时，它们的接触点是不同的。转子和定子副利用摆线的多等效动点效应在空间构成了空间密封线，从而在转子和定子副之间形成封闭腔室，在螺杆泵的长度方向就会形成多个密封腔室。当转子和定子做相对转动时，转子、定子副中靠近吸入端的第一个腔室的容积增加，在它和吸入端的压差作用下，油液便会进入第一个腔室。随着转子的连续转动，这个腔室开始封闭，并沿着螺杆泵轴向方向排出端推移，最后在排出端消失的同时，在吸入端又会形成新的密封腔室。由于密封腔室的不断形成、推移和消失，封闭腔室的轴向移动使油液通过多个密封腔室从吸入端推挤到排出端，可形成稳定的环空螺旋流动，可实现机械能和液体能的相互转化，从而实现举升。单螺杆泵结构如图 2－30 所示。

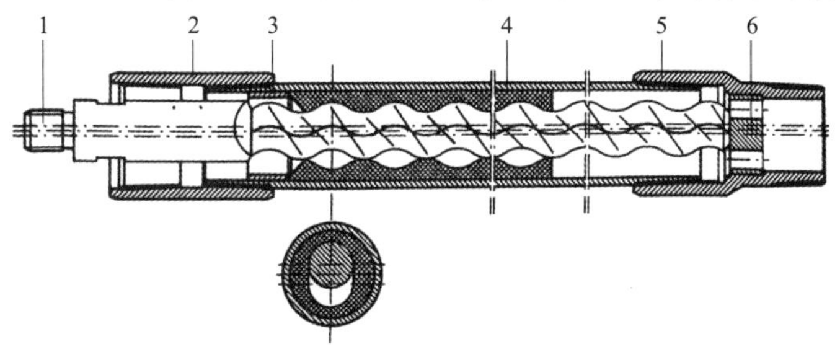

图 2－30　单螺杆泵结构示意图

1—转子（螺杆）；2—接箍；3—导向套；4—定子（衬套）；5—下接头；6—花板

由空间啮合理论，单螺杆泵所应用的螺杆泵线数均采用 $N/(N+1)$形式，即衬套的线数总是比螺杆的线数多一线，也就是如果螺杆表面为单线螺旋面则橡胶衬套内表面为双线螺旋面，如果螺杆表面为双线螺旋面则橡胶衬套内表面为三线螺旋面，依此类推。

螺杆泵的线型均为普通内摆线(属于短幅内摆线的特例)，即螺杆泵定子端面线型由普通内摆线外等距线构成，而定子由其共轭曲线构成。

转子的任一断面都是半径为 R 的圆，其结构如图 2－31 所示。整个螺杆的形状可以看作由很多半径为 R 的极薄圆盘组成，不过这些圆盘的中心 O_1 以偏心距 e 绕着定子本身的轴线 O_2Z 一边旋转，一边按一定的螺距 t 向前移动。

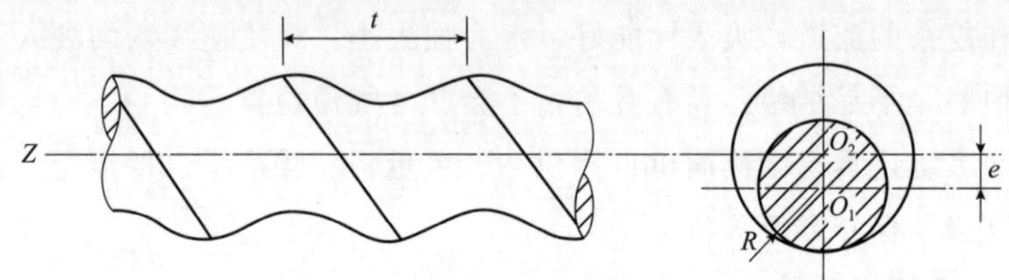

图 2－31　单螺杆泵转子(螺杆)结构示意图

定子的断面轮廓是由两个半径为 R(等于螺杆断面的半径)的半圆和两个长度为 $4e$ 的直线段组成的长圆形，其结构如图 2－32 所示。定子的双线内螺旋面就是由上述断面绕定子的轴线 O_2Z 旋转的同时，按一定的导程 $T=2t$ 向前移动所形成的。

转子一般由合金钢调质后，经车铣、抛光、镀铬而成。定子一般是由丁腈橡胶硫化黏接在缸体内形成的，丁腈橡胶衬套的内表面是双螺旋曲面，螺杆泵转子旋进定子内，形成螺杆泵。

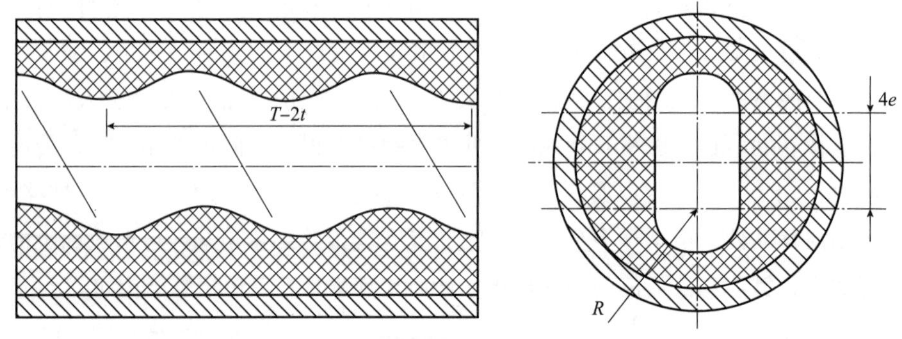

图 2－32　单螺杆泵定子(衬套)结构示意图

②地面驱动装置

螺杆泵地面驱动装置一般指的是套管井口法兰面以上与套管井口、地面输油管线相连接的那部分设备的总称。它主要由电动机、减速系统、防反转机构、密封系统、支撑系统和安全防护系统、螺杆泵专用井口、地面电控箱等部分组成，是螺杆泵采油系统中的动力输出部分。

螺杆泵地面驱动装置的主要功能是：为井下螺杆泵提供动力和合适的转速；承受杆柱

的轴向载荷；为油井产出液进入地面输油管线提供通道；提供防止产出液渗漏到井场的密封功能；提供防止停机过程中杆柱高速反转的功能；安全防护功能；测试、防盗等其他辅助功能。

目前国内常用的螺杆泵地面驱动装置结构如图 2－33 所示，主要由井口三通、电动机、输入轴、大小皮带轮、盘根、大小锥齿轮、主轴、光杆卡子和防倒转装置等组成。

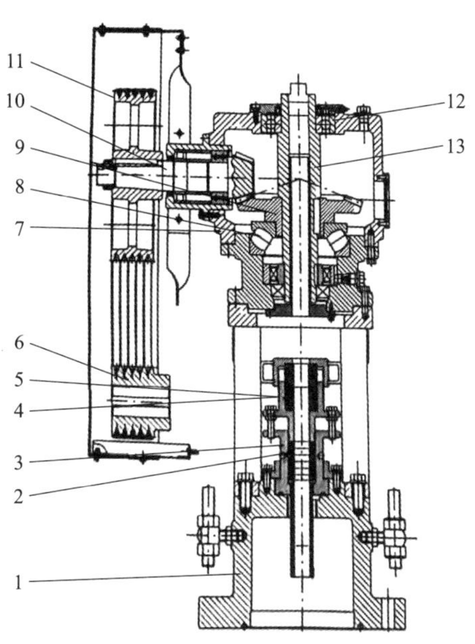

图 2－33 螺杆泵地面驱动装置

1—井口三通；2，5—盘根；3—下盘根盒；4—上盘根盒；6—小皮带轮；7—箱体；8—推力调心滚子轴承；9—大锥齿轮；10—输入轴；11—大皮带轮；12—深沟球轴承；13—主轴

地面驱动装置由电动机通过三角皮带轮带动输入轴和锥齿轮转动，进而带动主轴和光杆卡子、光杆及抽油杆柱、单螺杆旋转，使井下单螺杆泵进行抽汲工作。抽油杆柱和液柱重量通过光杆卡子加在地面驱动装置上。为了适应不同油井的开采要求，可采用变转速的地面驱动装置，有机械式和变频式两种无级变速器。机械式无级变速器的成本较低，但传动比受限制；变频式无级变速器通过改变电流频率进行变速，允许电动机低速启动，在完全平衡的情况下将转速平滑地增加到最大值。变频式无级变速器的效率高，达 90％，而机械式仅为 80％。

目前地面驱动装置机械防反转机构主要有棘轮棘爪机构、摩擦式防反转系统、液压防反转系统和电磁式防反转装置等方式。其中国内常用的是棘轮棘爪防反转机构，这种防反转装置的原理是利用棘轮棘爪机构的单向回转特点阻止反转。棘爪装在固定的芯轴上，可自由转动。棘轮和棘爪通常做成外啮合，只有少数做成内啮合。棘爪放在棘轮四周，由弹簧来保证棘爪与轮齿正常的啮合。棘轮工作面为与半径成一定角度的斜面，使棘爪能沿齿面下落入齿谷，保证啮合的可靠性。该防反转系统一般装在驱动装置输入轴上，依靠刹车带的摩擦力释放反转势能。当驱动装置工作时，棘爪在离心力的作用下与棘轮刹车带脱离啮合，防反转系统不工作。当驱动装置停机时，杆柱反转带动驱动装置反转，这时棘爪在重力和弹簧力作用下与棘轮刹车带啮合，防反转系统工作，依靠摩擦力避免驱动装置高速反转。通过人工旋转扭矩释放螺栓，可以将储存在杆柱驱动装置中的反转扭矩释放掉，从而提高驱动装置操作维护的安全性。

(2)井下驱动单螺杆泵采油

井下驱动单螺杆泵采油系统不仅发挥了地面驱动螺杆泵采油的优点，同时也吸取了电动潜油离心泵不使用抽油杆的长处，将螺杆泵的地面驱动变成采用潜油电机在井下直接驱动，使其可用于定向井和斜井。由于是无杆采油系统，因此能彻底解决因抽油杆螺纹和接箍原因所造成的脱扣、断杆及偏磨等问题，减少了抽油杆传递的功率损耗。

井下驱动单螺杆泵采油系统主要包括井下机组、动力及引接电缆、过电缆井口、控制柜、变压器等。其工作原理是动力及引接电缆将电力传送至井下潜油电机，潜油电动机通过齿轮减速器和挠性轴驱动螺杆泵在低速下转动，井液经过泵增压后通过油管举升到地面。

井下机组部分主要包括潜油电动机、保护器、减速装置、柔性联轴器、螺杆泵、泄流阀及井下电缆等。电动机、保护器、减速装置、柔性联轴器之间，其轴的连接采用花键连接方式；除了泵与联轴器之间为螺纹连接外，其他各机壳的连接为法兰连接方式。柔性轴连接在螺杆泵和减速装置之间，将潜油电动机的同心运动转变为螺杆泵所需要的偏心运动。

由于潜油电动机转速高、启动力矩小，需使用减速器连接电动机和螺杆泵，以减小转速和增大扭矩，满足螺杆泵的工作条件。

从机械传动理论的角度来看，一般定轴轮系、单螺杆式、牵曳传动、套筒活齿传动滚道式、谐波齿轮传动、行星齿轮传动、少齿差行星传动等都可以实现轴向减速传动，但因油井套管内的空间有限，减速器的设计与选择受到限制，目前应用比较广泛可靠的是行星齿轮减速器。

典型二级行星齿轮井下驱动单螺杆泵减速器结构如图 2 - 34 所示，主要由两个鼓形齿、行星架、行星轮轴、行星轮、推力球轴承、角接触球轴承、输入轴、上接体和下接体等组成。

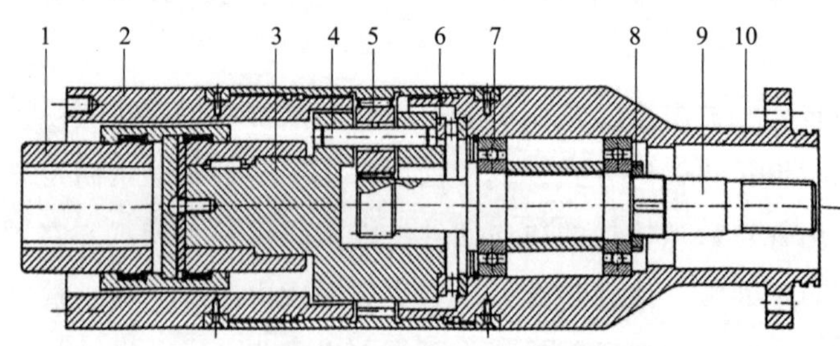

图 2 - 34　井下驱动单螺杆泵减速器

1—鼓形齿；2—上接体；3—行星架；4—行星轮轴；5—行星轮；
6—推力球轴承；7—角接触球轴承；8—圆螺母；9—输入轴；10—下接体

2.3.5 井下直线电机无杆采油设备

井下直线电机的抽油方式与以往传统的工作方式有很大的不同，其抽油泵通过直线往复运动(即上下运动)达到提升油井内液体的目的。它的特点是：取消抽油杆，彻底解决管杆偏磨问题；没有减速和换向机构，采用间歇供电，间歇时不用电，达到节能的目的，节电达30%以上；地面井口处只有井口和电控柜，减少占地面积；采用变频器控制，在地面控制柜进行调参、调频率、调电流等各种工作参数，简单易操作；适用范围广，适合3000m以内井深，可以用于斜井、丛式井和水平井等。

(1)系统组成及工作原理

直线电机无杆抽油系统主要由地面控制系统、直线电机和抽油泵三部分组成，其结构如图2-35所示。它主要由上固定阀总成、位移测量装置、上柱塞总成、密封装置、圆筒型永磁直线同步电机、下柱塞总成和下固定阀总成等组成。

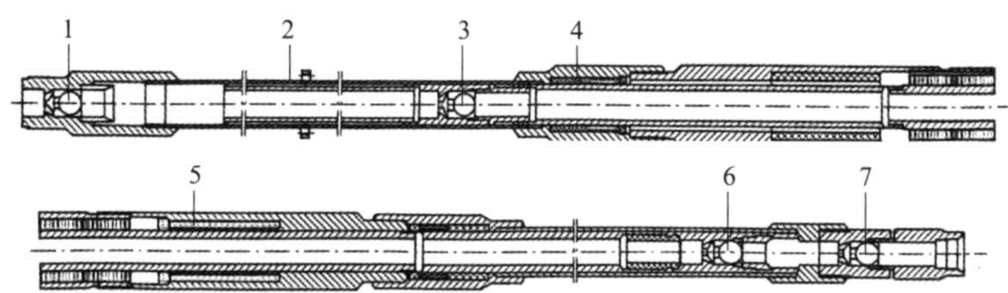

图2-35 直线电机无杆抽油系统

1—上固定阀总成；2—位移测量装置；3—上柱塞总成；4—密封装置；5—圆筒型永磁直线同步电机；6—下柱塞总成；7—下固定阀总成

抽油泵呈倒置状，是在常规柱塞抽油泵结构基础上，将固定凡尔由泵的下端移至泵筒上端，其柱塞通过推杆与直线电机动子相接，游动凡尔位于柱塞内部。直线电机动子与抽油泵内的柱塞相连，利用电缆传输电能给直线电机，电机动子直接驱动柱塞式抽油泵，没有减速和换向机构。

其工作原理是：当直线电机次级向上运动时，带动柱塞向上运动，直线电机抽油泵做上冲程运动。此时，下端柱塞下面的下泵腔容积增大、压力减小，在压差的作用下，下游动阀关闭，而下固定阀打开，原油进入下泵腔，此时上端柱塞上面的上泵腔容积减小、压力增大，在压差的作用下，上游动阀关闭，上固定阀打开，上泵腔原油被举升进入油管，然后排出。同理，当直线电机次级向下运动时，带动柱塞向下运动，直线电机抽油泵做下冲程运动。此时，柱塞压缩下泵腔中的原油，下端柱塞下面的下泵腔容积减小、压力增大，而上端柱塞上面的上泵腔容积增大、压力减小，在压差的作用下上、下两个固定阀关闭，游动阀均打开，下泵腔原油进入上泵腔。重复循环，不断将原油排出，从而完成举升原油的目的。

(2)直线电动机

直线电动机为井下设备提供驱动力。直线电动机可以看成是：将一台旋转电动机沿其径向剖开展平，得到扁平型直线电动机，其中定子转变为直线电动机初级，转子变为次级；再将扁平型的初级沿着与直线电动机运动方向垂直的方向卷拢起来，便得到一种圆筒型直线电动机。演变过程如图 2－36 所示。

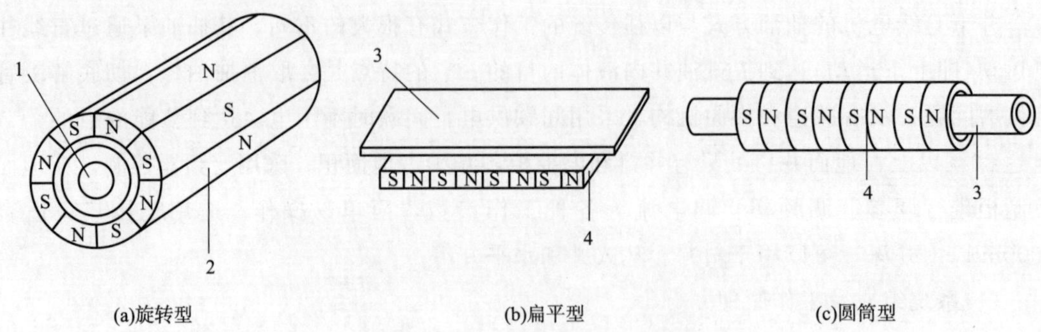

图 2－36　旋转电动机演变为直线电动机过程

1—转子；2—定子；3—次级；4—初级

直线电动机主要由线圈定子和永磁体动子组成。定子部分的主要部件是线圈，3 组线圈相间排布，星型连接；动子部分的主要部件是环形磁铁，由 N 极和 S 极相间排布而成。定子由无缝钢管外管、硅钢片、线圈、定子内管、支撑导套组成；动子由永磁材料、磁环、铁环组成。其结构示意如图 2－37 所示。工作原理是：当定子线圈通过交流电后，在线圈周围产生交变磁场，置于磁场内的永磁体动子 N 极和 S 极不随电流方向的改变而变化，因此其受力方向将随着磁场方向的变化而变化。磁场强度直接影响永磁体受力的大小，其能量传递方式由旋转传递能量转变为直线传递能量。动子在磁场的作用下周期性推动柱塞泵做上下往复运动，达到举升抽油的目的。

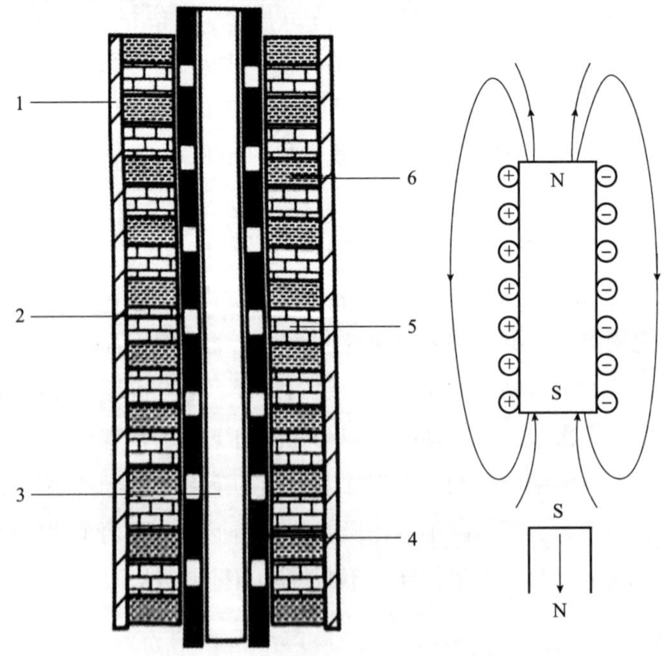

图 2－37　直线电动机结构及原理简图

1—定子外管；2—定子内管；3—动子本体；4—永磁体；5—硅钢片；6—线圈

2.4 钻机井口工具设备

2.4.1 吊钳

(1)吊钳的类型

吊钳按位置分为外钳和内钳(离司钻近的为外钳、远的为内钳),工作时要相互配合,协调一致。其主要作用是在起下钻、下套管操作时,上卸钻具螺纹和紧螺纹。常用的吊钳类型有 DB、SDD、B、C 型四种。

①DB 大钳

DB 大钳的主要工作尺寸为 3½～8¼in,加大钳头可到 17in;扭矩范围为:

a. 3½～8¼in 的扭矩可达 6.5×10^4 ft·lb。

b. 8～17in 的扭矩可达 4×10^4 ft·lb。

②SDD 大钳

SDD 大钳的主要工作尺寸为 4～8½in,加大钳头可到 17in;扭矩范围为:

a. 4～12in 的扭矩可达 10^5 ft·lb;

b. 12～15in 的扭矩可达 7.5×10^4 ft·lb;

c. 16～17in 的扭矩可达 6×10^4 ft·lb。

③B 型大钳

B 型大钳主要用于套管的上卸扣,尺寸范围为 3½～13⅜in,加长钳头最大可到 25½in,最大扭矩为 4×10^4 ft·lb。

④C 型大钳

C 型大钳是一种便携式的大钳,尺寸范围为 2⅜～10¾in,最大扭矩为 3.5×10^3 ft·lb。

(2)B 型吊钳的结构

目前钻井普遍使用的是 B 型吊钳。其中 88.9～298.45mm 直径的 B 型吊钳用于上卸钻具螺纹,338.5～508mm 直径的 B 型吊钳用于上卸套管螺纹。如图 2-38 所示,B 型吊钳由吊杆、钳头、钳柄三大部分组成。

①吊杆

吊杆是用来悬吊大钳和调节大钳平衡的。吊杆的上部有一平衡梁与吊钳绳相连接,下部通过轴销与大钳钳柄相连接,且下部有一调节螺钉。

②钳头

钳头是用来扣合钻具接头或套管接头的,主要由 1 号扣合器、2 号固定扣合器、3 号长钳、4 号短钳、5 号扣合钳和吊钳牙等组成。在 2 号固定扣合器、4 号短钳和 3 号长钳的内面上各装有吊钳牙板共四块,各钳头之间以铰链互相连接。5 号扣合钳上有台肩、1 号扣合器可扣住 5 号扣合钳上的台肩,以便卡住管柱。5 号扣合钳有 5 种规格(大小不同),更换不同的 5 号扣合钳可以扣合不同的台肩,卡住不同尺寸的管径。

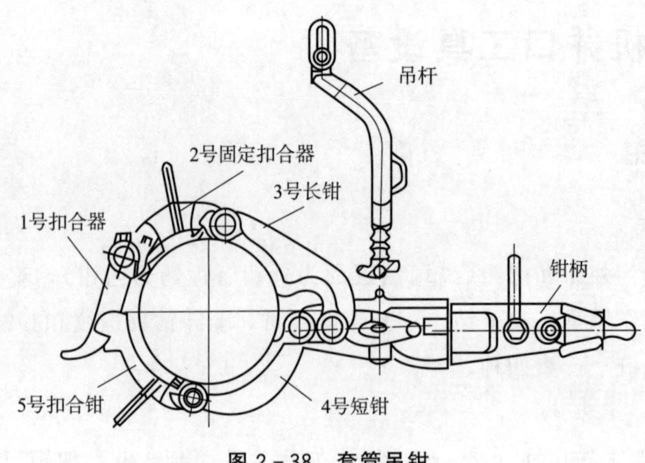

图 2-38 套管吊钳

③钳柄

钳柄是大钳的主体部分。钳柄的头部连接钳头，稍后连接吊杆；中部有一手柄；尾部有尾桩、尾桩销、方头螺钉，用以穿连钳尾绳和猫头绳。

大钳部件包括悬臂、手柄、牙板、钳头，相互间以轴销连接，拆检更换十分方便。人们根据钻具的尺寸来确定大钳的钳头，这样既能咬住钻具又可防止钻具受到损害。牙板是硬的、易碎的钢块，在钻工操作时，通过它来咬住钻具。牙板容易坏或用旧，钻工应该及时更换它们。

大钳尾绳是用来限制大钳上扣卸扣时转动的，也是为了避免工作时大钳转动发生危险的保险绳。因此，必须经常检查尾绳是否完好和符合工作要求。

猫头绳是指大钳上卸扣时传递拉力的绳子。上扣用的外钳(头绳)是链条，挂在司钻房一侧的绞车猫头上；而内钳用的是钢丝绳、挂在司钻房另一侧的绞车猫头上。

2.4.2 液气大钳

使用B型大钳上卸钻具螺纹，不仅费时费力，而且很不安全，液气(动力)大钳已得到推广使用，操作中能做到安全省力、上卸螺纹扭矩可控、上卸螺纹快速等，收到良好效果。

(1)液气大钳的分类

①根据工作对象的不同分为钻杆钳、套管钳、油管钳等。

②根据采用动力的不同分为气动大钳、电动大钳、液动大钳(液压大钳)。

③根据安装方式的不同分为固定安装大钳和悬吊安装大钳。

④根据钳口形式不同分为开口钳和闭口钳。

(2)液气大钳的结构

以现场使用较多的国产Q10Y-M型液压大钳为例(图2-39)。Q10Y-M型液压大钳主要组成是行程变速箱、减速装置、钳头、气控系统和液压系统。液压系统的额定流量为114L/min，最高工作压力为16.3MPa，电驱动时的电动机功率为40kW，气压系统工作压

图 2－39　Q10Y-M 型钻杆动力钳

力为 0.5～1.0MPa。

正常钻进时上卸方钻杆及接头和小于 8in 的钻铤；起下钻时在扭矩不超过 100kN·m 时上卸钻杆接头和钻铤；甩钻杆时调节吊杆的螺旋杆使钳头和小鼠洞倾斜方向基本一致，可用棕绳或钢丝绳牵至井架大腿，使钳头对准小鼠洞后即进行甩钻杆操作；钻机传动系统发生故障，绞车、转盘不能工作时，用以活动钻具。在悬重较轻的情况下，为了防止因钻具长时间静止而导致卡钻，可把下钳颚板取出，将钳子送到井口咬住方钻杆或钻杆接头，这样就可转动坐在转盘上的井下钻具。用低挡(2.7r/min)活动井下钻具的时间不超过半个小时。

(3)液气大钳的工作原理

首先打开钻机到大钳供气管阀门，使大钳吊杆气室充气，从吊杆空气包的气压表可以显示出它的压力，压力标准为 0.8～1.0MPa。操纵电动机补偿器开动电动机，使油箱柱塞泵开始工作，整个大钳液压系统处于工作状态。操纵气阀板上的移送气缸双向气阀，将大钳平稳送至井口，使钻杆接头进入大钳口，把移送气缸双向气阀手柄拨到零位，将移送气缸内的气体放掉。根据上、卸螺纹的需要，把高、低挡双向气阀合到相应的位置。操纵手动换向阀，完成上、卸螺纹动作。在使用中可以不停车换挡，上、卸螺纹动作完成后，待上、下钳缺口复位对正，将夹紧气缸双向气阀合到松开位置，松开钻杆内螺纹接头，然后操纵移送气缸双向气阀手柄，使钳子平稳离开井口。

2.4.3　吊卡与吊环

(1)吊卡

吊卡放在钻台上，是套扣在钻杆接头、油管、套(铣)管接箍下面，用以悬挂、提升和下入钻杆、套(铣)管、油管等管柱的工具。

①吊卡型号表示方法

吊卡类型见表 2－3。

表 2－3　吊卡类型

<table>
<tr><th rowspan="2">吊卡</th><th colspan="5">型式</th></tr>
<tr><th colspan="2">侧开式</th><th colspan="2">对开式</th><th>闭锁环式</th></tr>
<tr><td>钻杆吊卡</td><td rowspan="3">平台阶</td><td>锥型台阶</td><td rowspan="3">平台阶</td><td>锥型台阶</td><td rowspan="2">—</td></tr>
<tr><td>套管吊卡</td><td rowspan="2">—</td><td rowspan="2">—</td></tr>
<tr><td>油管吊卡</td><td>平台阶</td></tr>
</table>

吊卡的命名方式如下所示。

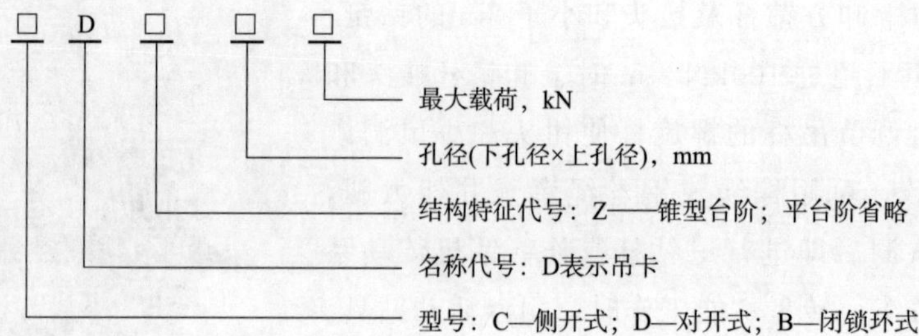

例：侧开式平台阶吊卡，下孔径 131mm，上孔径 134mm，最大载荷 1350kN，则表示为：CD131×134/1350。

②规格系列及性能参数

a. 钻杆吊卡

钻杆吊卡规格见表 2-4。

表 2-4 钻杆吊卡规格

钻杆公称尺寸/[mm(in)]	加厚形式	钻杆接头焊接部位最大外径/mm	平台阶吊卡孔径		锥形台阶吊卡孔径/mm	吊卡最大载荷/[kN(tf)]
			上孔/mm	下孔/mm		
60.3(2⅜)	外加厚	65.1	69	63	67	1125(150)
73.0(2⅞)	外加厚	81.0	84	76	83	2250(250)
88.9(3½)	外加厚	98.4	102	92	101	3150(350)
114.3(4½)	外加厚	127.0	131	118	133	3150(350)
127.0(5)	内外加厚	130.2	134	131	133	3150(350)
139.7(5½)	内外加厚	144.5	149	144	148	3150(350)

b. 套管吊卡

套管吊卡规格见表 2-5。

表 2-5 套管吊卡规格

套管公称尺寸/[mm(in)]	吊卡孔径/mm	吊卡最大载荷/[kN(tf)]
114.3(4½)	117	2250(250)
127(5)	130	2250(250)
177.8(7)	181	3150(350)
193.7(7⅝)	197	3150(350)
244.5(9⅝)	248	3150(350)
250.8(9⅞)	254	3150(350)
339.7(13⅜)	344	3150(350)
473.1(18⅝)	477	3150(350)
508(20)	513	3150(350)

c. 铣管吊卡

铣管吊卡规格见表 2-6。

表 2-6 铣管吊卡规格

铣管公称尺寸/[mm(in)]	吊卡孔径/mm	吊卡最大载荷/[kN(tf)]
139.7(5½)	142	2250(250)
149.2(5⅞)	152	2250(250)
193.7(7⅝)	197	3150(350)
206.4(8⅛)	210	3150(350)
244.5(9⅝)	248	3150(350)
273(10¾)	277	3150(350)

注：9⅝in、7⅝in 套管吊卡、铣管吊卡为同一吊卡。

d. 钻铤吊卡

钻铤吊卡规格见表 2-7。

表 2-7 钻铤吊卡规格

钻铤公称尺寸/[mm(in)]	吊卡孔径/mm	吊卡最大载荷/[kN(tf)]
88.9(3½)	82	1125(150)
120.7(4¾)	110	1125(150)
177.8(7)	163	2250(250)
203.2(8)	186	3150(350)
279.4(11)	260	2250(250)

③吊卡结构

图 2-40、图 2-41 和图 2-42 分别是侧开式锥形台阶(斜坡)钻杆吊卡、对开式锥形台阶(斜坡牛头)钻杆吊卡和侧开式平台阶套管吊卡外形图。图 2-43 是吊卡吊耳与吊环连接尺寸示意图，尺寸见表 2-8。铣管吊卡结构与套管吊卡、钻铤吊卡相同。

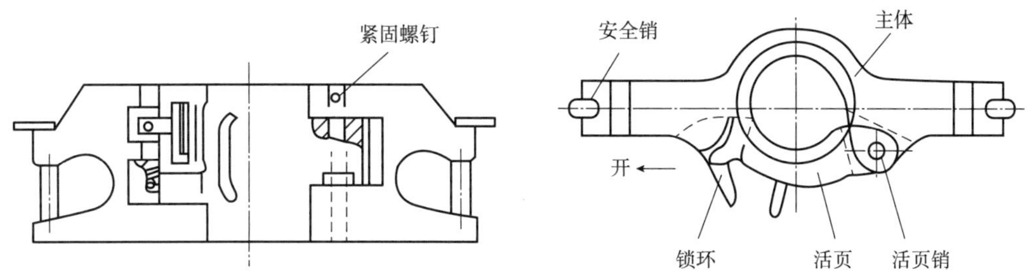

图 2-40 侧开式锥形台阶(斜坡)钻杆吊卡

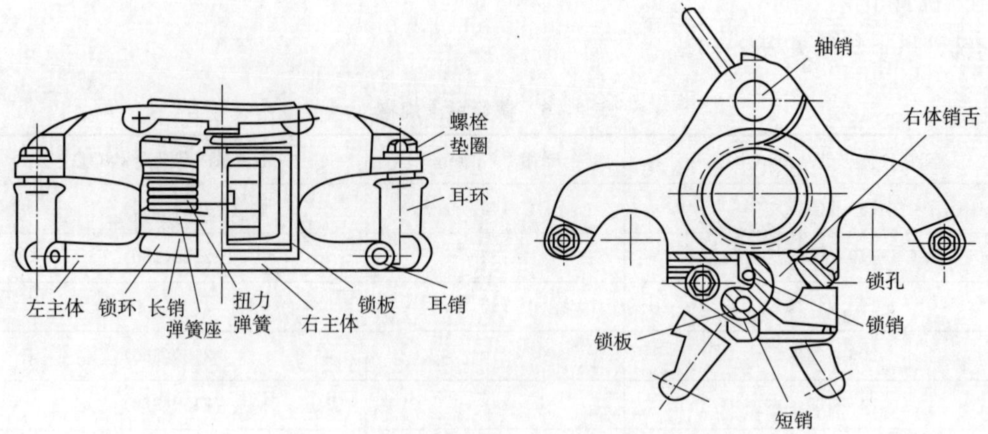

图 2－41　对开式锥形台阶(斜坡牛头)钻杆吊卡

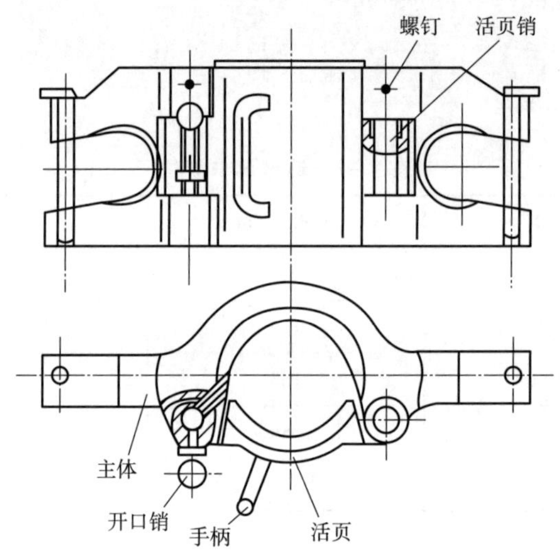

图 2－42　侧开式平台阶套管吊卡

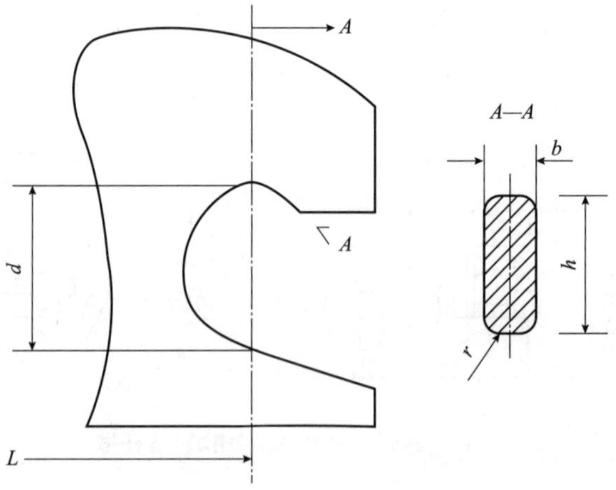

图 2－43　吊卡吊耳与吊环连接尺寸示意图

表 2-8 吊卡吊耳与吊环连接尺寸

吊卡的最大载荷/kN	适用吊环最大载荷的范围/kN	d_{min}/mm	r/mm	h_{max}/mm	b_{max}/mm	L/mm
225	225～2250	75	50	40	30	侧开式钻杆吊卡应不小于 380
360	360～2250	75	50	50	30	
585	585～2250	75	50	70	40	
675	675～2250	75	50	70	50	
900	900～2250	90	60	80	60	
1125	1350～3150	90	60	90	65	
1350	1350～3150	90	60	90	65	
2250	2250～4500	100	75	130	80	
3150	3150～4500	100	75	150	120	
4500	4500～8750	130	90	200	145	

注：d、r、h、b、L 见图所示标注。

(2)吊环

①吊环的类型及作用

如图 2-44、图 2-45 所示，吊环按结构可分为单臂吊环和双臂吊环。其主要作用是在起下钻具时，悬挂吊卡以悬持钻具。如 DH150、SH250，其中 D 代表单臂，S 代表双臂，H 代表环，150、250 表示吊环的额定载荷，单位是 9.8×10^3 N(tf)。

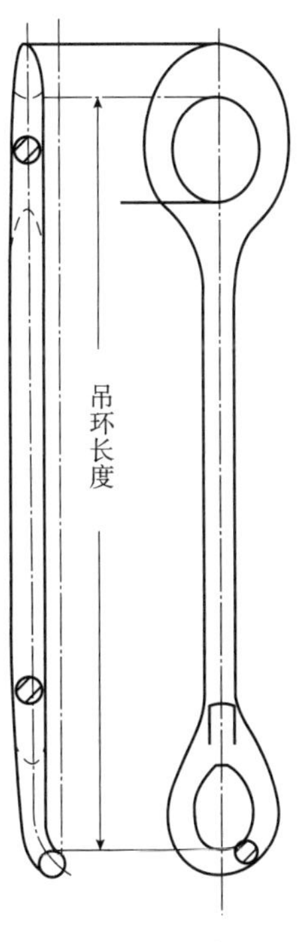

图 2-44 单臂吊环

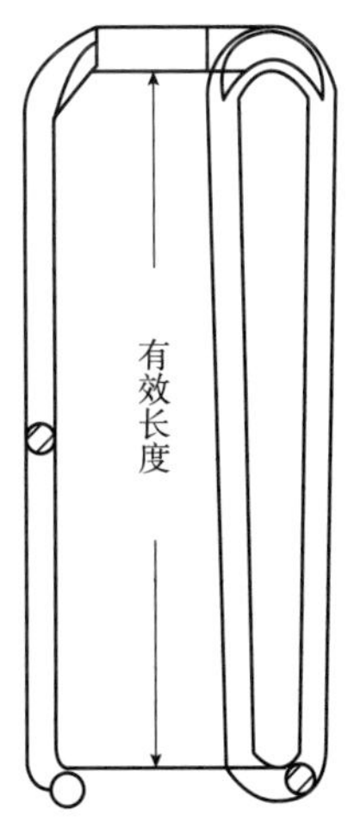

图 2-45 双臂吊环

②吊环的使用注意事项

a. 吊环必须成对使用，不得搭配使用，新吊环有效长度差不得大于 3mm；使用过程中的两吊环有效长度差不得大于 5mm(有效长度是指吊环上耳与大钩侧耳接触点到下耳与吊卡接触点的距离，有效长度差是指一副吊环的有效长度的差值)。

b. 按照载荷要求选用合适的吊环，禁止超载使用。

c. 吊环不得有任何裂缝和焊缝。

d. 钻进时要将两只吊环捆在一起，防止其摆动碰击水龙头。

e. 处理事故或强力上提(超过吊环额定负荷的 1.25 倍时)后，应停止使用，并对其进行探伤及外观检查。

f. 吊环在大钩耳环内要有一定的摆动自由度，无阻卡现象。

g. 吊环在大钩上要系好保险钢丝绳。

2.4.4 卡瓦及安全卡瓦

(1)卡瓦

①卡瓦的类型及作用

按作用分类，卡瓦可分为钻杆卡瓦、钻铤卡瓦、套管卡瓦；按结构分类，卡瓦可分为三片式卡瓦(图 2-46)、四片式卡瓦、多片卡瓦(图 2-47)；按操作方式分类，卡瓦可分为手动(机械)卡瓦和动力卡瓦。我国现场多采用手动三片式卡瓦，其主要组成是卡瓦体、卡瓦牙、衬套、压板、手把螺栓、铰链销钉、卡瓦手把和衬板。它是用来放在转盘补心中，卡住并悬挂下井的钻杆、钻铤、动力钻具、套管等管柱的工具。

②卡瓦的工作原理

钻杆卡瓦或钻铤卡瓦的每片卡瓦体内都开有轴向燕尾槽，并装有衬板和卡瓦压板。当卡瓦坐于转盘补心时，在自重的作用下抱住钻柱。当钻柱向下移动时，卡瓦随着向下移动，由于卡瓦体的外形为上大下小的锥形体，转盘补心与卡瓦锥面相配合，使卡瓦体向轴心径向收拢，卡紧钻具。当提升钻柱时，利用卡瓦牙齿的结构和背锥结构，在卡瓦的重量作用下使卡瓦与钻柱脱卡，即可提起卡瓦。

图 2-46　三片式卡瓦

图 2-47　多片式卡瓦

③卡瓦的检查、维护

a. 检查卡瓦规格。所用卡瓦要与所卡管体直径相符。

b. 检查卡瓦牙。要装正，不松动，其锋利程度要符合标准。

c. 检查铰链销钉、开口销、垫圈，应完好无损。

d. 检查手把，固定不松动。

e. 检查卡瓦背面。卡瓦背面涂油防卡。

④卡瓦的使用操作

a. 卡瓦的开口对准钻具，内外钳工密切配合将卡瓦抱住管体并坐在转盘方瓦上，悬持钻具。

b. 打开时，内外钳工紧密协作随钻具上提出转盘面，内钳工向后拉卡瓦中间手把，外钳工分开卡瓦并顺势外推，立在转盘上。

c. 如果卡瓦抱死，可轻敲本体，但不得敲击背锥部位。

⑤卡瓦的使用注意事项

a. 根据所卡持管柱的外径选择卡瓦的规格尺寸。

b. 卡瓦的部件要齐全完好，操作灵活方便，卡瓦本体不能有裂纹，零件无缺损。卡瓦牙新旧应一致，不能混装，各铰链转动灵活，手把固定牢靠。

c. 禁止钻具坐卡瓦时猛顿、猛砸。禁止用卡瓦绷螺纹。

d. 卡瓦卡持钻铤时，一定要与安全卡瓦配合使用，卡瓦距内螺纹端面 50cm，距安全卡瓦 5cm。

e. 两片式卡瓦的手把要拴保险绳，以防落井。

f. 井口操作人员要站在卡瓦旋转范围以外，以防止意外事故发生。

以下是常用钻井卡瓦的技术规范(表 2－9、表 2－10、表 2－11)。

表 2－9　钻杆卡瓦技术规范

型号	钻杆尺寸/[mm(in)]	卡瓦牙数量	额定载荷/kN	接触长度/mm
W5/200	101.6(4)	54	2250	420
	114.3(4½)	54		
	127(5)	54		
W5½/200	114.3(4½)	54	2250	420
	127(5)	54	2250	
	139(5½)	54	2250	
W3½/125	60.3(2⅜)	30	1125	350
	73(2⅞)	30	1125	
	88.9(3½)	30	1125	

续表

型号	钻杆尺寸/[mm(in)]	卡瓦牙数量	额定载荷/kN	接触长度/mm
W5/125	101.6(4)	45	1125	350
	114.3(4½)	45	1125	
	127(5)	45	1125	
W3½/75	60.3(2⅜)	24	675	280
	73(2⅞)	24	675	
	88.9(3½)	24	675	
W5/75	101.6(4)	36	675	280
	114.3(4½)	36	675	
	127(5)	36	675	

表 2-10　钻铤卡瓦技术规范

型号	钻铤尺寸/[mm(in)]	卡瓦数量	质量/kg	最大载荷/kN
WT4½－WT6	114.3～152.4(4½～6)	10	45	360
WT5½－WT7	139.7～177.8(5½～7)	11	47	360
WT6¾－WT8¼	171.4～209.6(6¾～8¼)	12	44	360
WT8－WT9½	203.2～241.3(8～9½)	12	40	360
WT8½－WT10	251.9～254(8½～10)	13	56	360

表 2-11　套管卡瓦技术规范

型号	套管尺寸/[mm(in)]	卡瓦体数量	最大载荷/kN	质量/kg
WG6⅝	168.3(6⅝)	11	1125	90
WG7	177.8(7)	11	1125	84
WG7⅝	193.7(7⅝)	11	1125	76
WG8⅝	219.1(8⅝)	12	1125	82
WG9⅝	244.5(9⅝)	14	1125	87
WG10¾	273.0(10¾)	15	1125	95
WG11¾	298.4(11¾)	17	1125	120
WG13⅜	339.7(13⅜)	18	1125	113
WG16	406.4(16)	21	1125	140
WG20	508(20)	28		175

(2)安全卡瓦

①安全卡瓦的结构及类型

如图2-48所示，安全卡瓦是由若干节卡瓦体通过销孔穿销连成一体的，其两端通过销孔的销柱与丝杠连接成一个可调性卡瓦。一定节数的安全卡瓦只适用于一定尺寸范围的钻铤及管柱，要适应不同尺寸的钻铤及管柱，就要改变安全卡瓦的节数。如表2-12所示，被卡物体外径越大，安全卡瓦的节数就越多。

图2-48　安全卡瓦

②安全卡瓦的作用及特点

安全卡瓦的主要作用是在起下钻铤、取心筒及其他外径无台肩的钻具时，为防止普通卡瓦因卡瓦牙磨损或其他原因造成卡瓦失灵，通常在卡瓦的上部再卡一安全卡瓦，以保证上述作业的安全。其作用特点是因安全卡瓦的卡瓦牙多，几乎将钻具外径包裹一圈，再通过丝杠的旋紧，包咬效果更佳，故保证钻具不会溜滑入井。常用安全卡瓦的技术规范见表2-12。

表2-12　安全卡瓦的技术规范

型号	钻铤尺寸/[mm(in)]	节数
WA3¾-WA4⅝	95.5～117.5(3¾～4⅝)	7
WA4½-WA5⅝	114.3～142.9(4½～5⅝)	8
WA5½-WA6⅝	139.7～168.3(5½～6⅝)	9
WA6½-WA7⅝	165.1～193.7(6½～7⅝)	10
WA7½-WA8⅝	190.5～219.1(7½～8⅝)	11
WA8½-WA9⅝	215.9～244.5(8½～9⅝)	12
WA9½-WA10⅝	214.3～269.9(9½～10⅝)	13

2.4.5　防喷器

防喷器用于钻井、完井、试油、修井等作业过程中关闭井口，防止井喷事故发生。它将全封和半封两种功能合为一体，具有结构简单、易操作、耐高压等特点，是油田常用的防止井喷的安全密封井口装置。

石油钻井时，防喷器安装在井口套管头上，是用来控制高压油、气、水井喷的装置。当井内油气压力很高时，防喷器能把井口封闭。从钻杆内压入重钻井液时，其闸板下有四通，可替换出受气侵的钻井液，增加井内液柱的压力，以压住高压油气的喷出。

防喷器分为闸板防喷器和环形防喷器两种类型。

①闸板防喷器

液压闸板防喷器能封闭套管与管柱之间的环形空间。使用变径闸板可封闭一定范围的不同规格的管柱和套管间的环空，使用全封闭闸板能全封闭井口。在封闭情况下，可通过下部四通或壳体旁侧出口所连接的管线，进行钻井液循环、节流放喷和压井等作业。

闸板防喷器主要由液缸总成、卡瓦闸板总成、上法兰盘、半封闸板、全封闸板、下法兰等组成。按照每套闸板的数量，可分为单闸板、双闸板、三闸板等，如图 2-49 和图 2-50 所示。按照锁紧方式，可分为手动锁紧和液压锁紧。

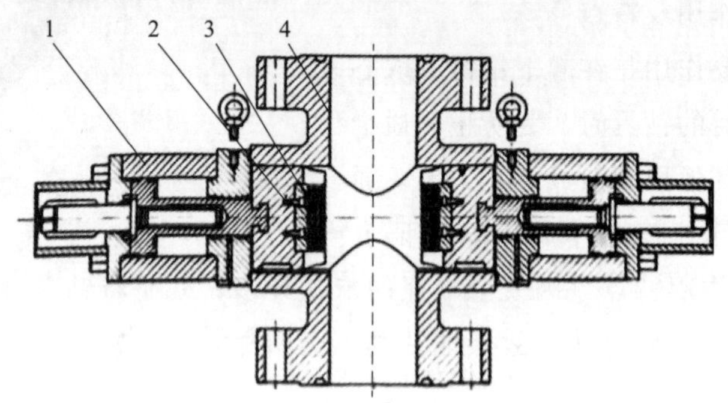

图 2-49　单间板防喷器

1—闸板液缸总成；2—闸板体；3—卡瓦；4—主体

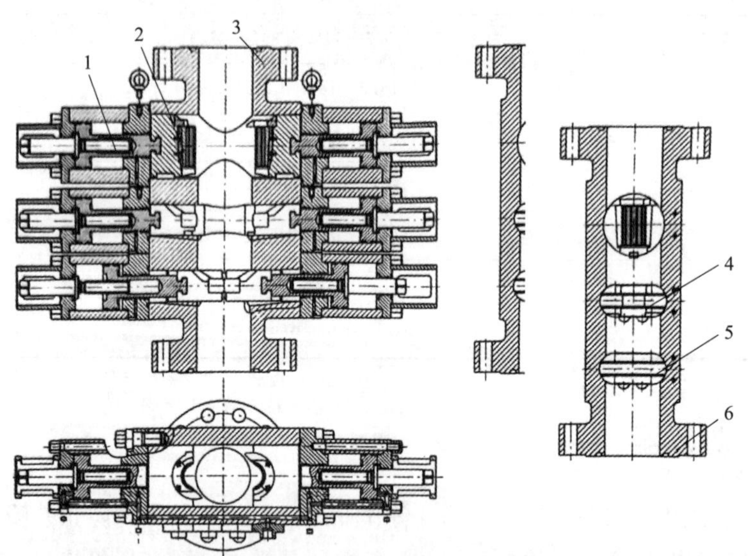

图 2-50　三闸板防喷器

1—闸板液缸总成；2—卡瓦闸板总成；3—上法兰；

4—半封闸板；5—全封闸板；6—下法兰

当高压油进入左右油缸关闭腔时，推动活塞、活塞杆，使左右闸板总成沿着闸板室内导向轨道分别向井口中心移动，达到封井的目的。当高压油进入左右油缸开启腔时，左右两个闸板分别向离开井口中心的方向移动，达到开井的目的。

②环形防喷器（万能防喷器）

环形防喷器又称多效能防喷器，主要与闸板防喷器配套使用，封井时环形胶芯被均匀挤向井眼中心，具有承压高、密封可靠、操作方便、开关迅速等优点。它特别适用于密封各种形式和不同尺寸的管柱。当井为空井时，可封整个井口（也叫封零）；当井不为空井时，可封环形空间（也叫封环空）。它利用一种尺寸的胶芯，能封闭各种不同尺寸的环形空间。按胶芯结构形状分，环形防喷器可分为锥形胶芯、球形胶芯和筒形胶芯。

a. 锥形胶芯环形防喷器

锥形胶芯防喷器主要由壳体、承托胶芯的支撑筒、活塞、胶芯、顶盖、防尘圈、螺栓、盖板、吊环、挡圈、上接头及下接头组成，如图 2-51 所示。

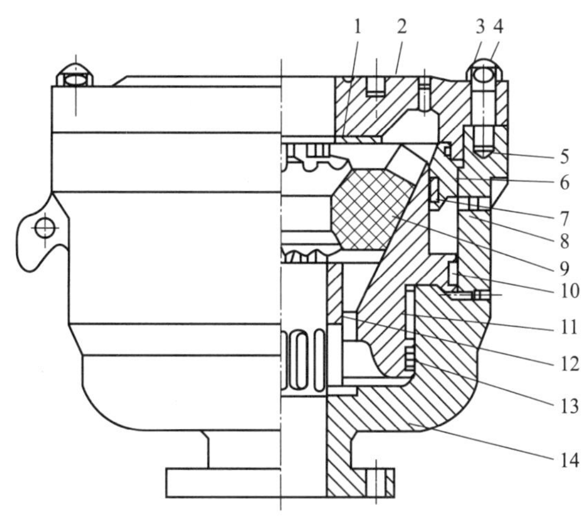

图 2-51　锥形胶芯环形防喷器

1—耐磨板；2—顶盖；3—螺母；4—螺栓；5—O 形密封圈 I；6—O 形密封圈 Ⅱ；7—防尘圈；8—双 U 形密封圈 Ⅰ；9—锥形胶芯；10—双 U 形密封圈 Ⅱ；11—活塞；12—支撑筒；13—双 U 形密封圈 Ⅲ；14—壳体

锥形胶芯环形防喷器在使用时是靠液压操作的，液压系统的压力油通过壳体上的下接头进入液缸，推动活塞向上移动，由于活塞锥面的推动而挤压胶芯。胶芯顶面有顶盖限制，使胶芯径向收缩紧抱管柱，或当井内无管柱时完全将空间封死。当需要打开时，操纵液压系统，使压力油从上面的接头进入上液缸，同时下液缸回油，活塞下行，胶芯在弹性作用下逐渐恢复原形，井口打开。

b. 球形胶芯环形防喷器

球形胶芯防喷器主要由顶盖、胶芯、活塞、壳体、支撑筋、支撑圈及密封圈等组成，如图 2-52 所示。

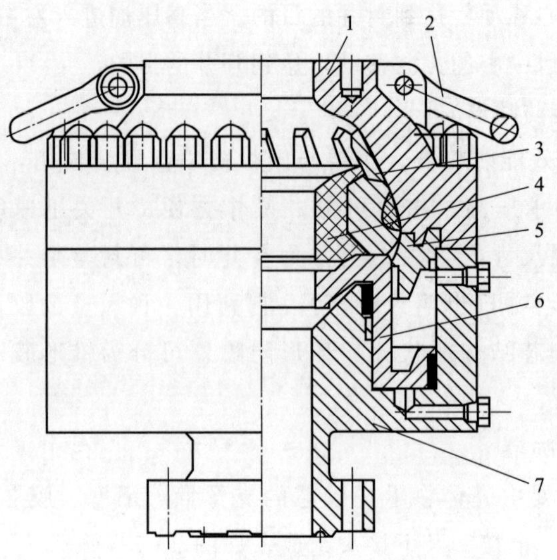

图 2-52　球形胶芯环形防喷器

1—顶盖；2—吊环；3—胶芯支撑筋；4—球形胶芯；
5—支撑圈；6—活塞；7—壳体

球形胶芯环形防喷器关井动作时，下油腔(关井油腔)里的压力液推动活塞迅速向上移动，胶芯被迫沿顶盖球面内腔自下而上、自外缘向中心挤压、收拢、变形，从而实现封井。开井动作时，上油腔(开井油腔)里的压力消失，在橡胶弹力作用下迅速恢复原状，井口打开。

c. 筒形胶芯环形防喷器

筒形胶芯环形防喷器主要由上壳体、胶芯、密封圈、护圈、下壳体等组成，如图 2-53 所示。壳体与胶筒之间为高压油，用胶筒封油管柱等，只有一个油口。它采用三位四通换向阀进出油。

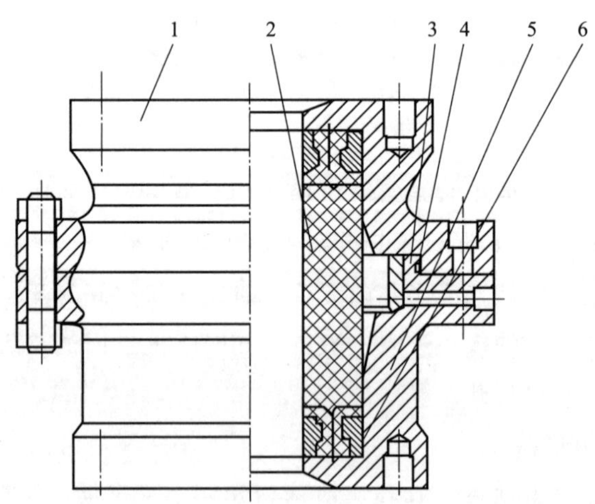

图 2-53　筒形胶芯环形防喷器

1—上壳体；2—胶芯；3—护圈；4—O 形密封圈；
5—下壳体；6—胶芯骨架

2.5　井下工具设备

2.5.1　封隔器

封隔器是在套管里封隔油层的重要工具。它的主要元件是密封胶皮筒，通过水力或机械的作用，使胶皮筒鼓胀密封油管和套管的环形空间，把上下油层分开，达到某种技术措施及施工的目的。

(1)封隔器分类

封隔器按结构型式可分为支撑式、卡瓦式、皮碗式、水力扩张式(水力压差式)、水力自封式、水力密闭式、水力压缩式、机械压缩式八种类型。

随着油田的不断开发，进入中后期，地层能量不断递减，层间矛盾成为制约原油开发的首要因素。注水是补充地层压力的主要手段，分层注水是减少层间矛盾的重要途径，偏心配水器注水管柱具有可实现多级分层、分层效果好、单层调配方便等优点。

封隔器按密封元件的工作原理可分为自封式、压缩式、楔入式、扩张式四种。

封隔器一般是通过水力或机械的作用，使胶皮筒鼓胀密封油管和套管的环形空间，其作用是把上、下油层分隔开，以达到某种技术要求以及施工的目的。

(2)水力压缩式封隔器

①坐封原理

水力压缩式封隔器坐封是依靠油管内打压，压力作用于坐封活塞上，当油管内压力足够大时，坐封活塞上行，坐封销钉被剪断，活塞同时推动卡簧上行并压缩胶筒使其径向尺寸变大，封隔油套环形空间；当卡簧与卡簧座挂住后，再撤掉油管内压力后胶筒也不会收回，坐封结束。水力压缩式封隔器坐封原理图如图 2 - 54 所示。

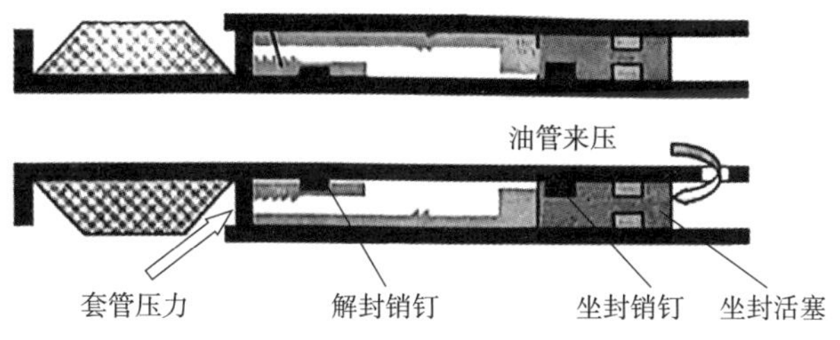

图 2 - 54　水力压缩式封隔器坐封原理图

②解封原理

上提管柱，当胶筒与套管内壁的摩擦力大于解封销钉的剪切力时，销钉被剪断，卡簧与卡簧挂一起下行，实现解封功能。水力压缩式封隔器解封原理图如图 2 - 55 所示。

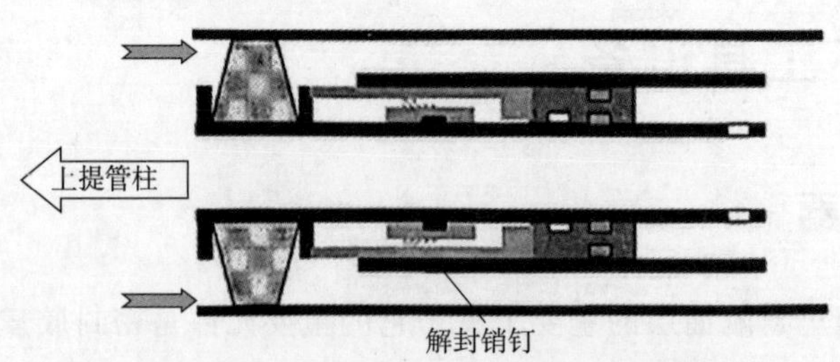

图 2-55 水力压缩式封隔器解封原理图

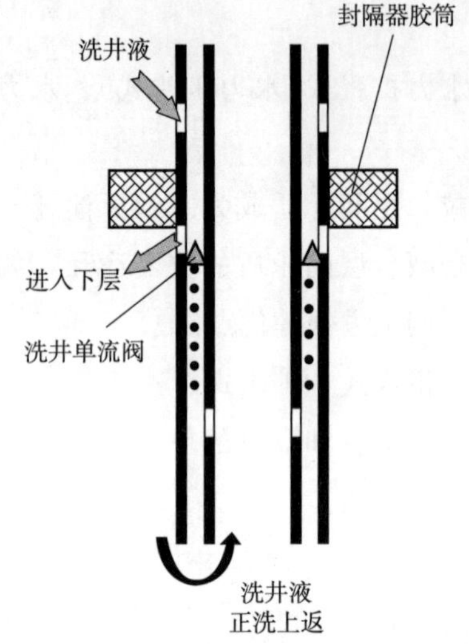

图 2-56 水力压缩式封隔器洗井原理图

③洗井原理

洗井就是通过地面设备向油管与套管环形空间注入热洗井液，然后洗井液通过井底从油管流出地面。当从地面向井口注入洗井液时，洗井液压力大于洗井单流阀(或液压缸)的压力，洗井单流阀(或液压缸)被打开，洗井液通过封隔器的洗井通道对全井管柱进行清洗并除去蜡、油及其他污垢，如图 2-56 所示。

(3)机械压缩式封隔器

①结构

机械压缩式封隔器主要由压缩、密封、支撑机构组成。压缩机构由上接头、中心管、胶筒套、下接头等部件组成。密封部件由胶筒组成。支撑机构由锥套、卡瓦座、卡瓦、衬套、摩擦块总成、J 型钩等部件组成。

②工作原理

封隔器下井时，下接头上的圆柱销在 J 型钩的下死点，使支撑机构同中心管一起下放，当封隔器下放至设计位置时，上提管柱，使圆柱销在上死点，正转管柱四圈以上，保持扭力，下放管柱，这时支撑机构就不受中心管的控制，在摩擦块的作用下紧贴着井壁不动，当锥套冲开卡瓦时，再下放管柱，胶筒被压缩胀开，密封了套管和管柱的环形空间。

a. 坐封

连接好工具、注意下接头的圆柱销一定要在 J 型钩的下死点，把封隔器下至设计位置，上提管柱、使圆柱销在上死点、正转管柱四圈以上，下放管柱，悬重下降表明卡瓦已坐封，再下放管柱至坐封载荷就完成了坐封操作。

b. 解封

上提管柱即可解封。机械压缩式封隔器主要用于试油、找水、验窜等。与支撑式封隔器组合使用，可用于分层采油或卡堵水层。机械压缩式封隔器如图 2-57 所示。

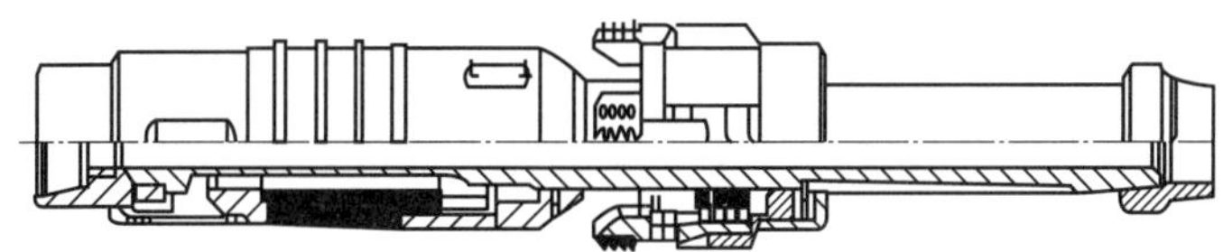

图 2-57 机械压缩式封隔器

(4)水力扩张式封隔器

①结构

水力扩张式封隔器主要由上接头、胶筒座、胶筒、中心管、下接头等组成。

②工作原理及操作

当管柱下到预定位置后完井。注水时，因节流器造成的压差使胶筒胀大密封油套环形空间，达到封层的目的。停止注水后，因油套压力消失，靠胶筒回弹力将液体挤出，达到解封的目的。

水力扩张式封隔器是以油管内高压液体作动力胀开胶筒密封油、套管的环形空间。主要用于分层注水和分层压裂、化堵、封窜、防砂施工。水力扩张式封隔器如图 2-58 所示。

图 2-58 水力扩张式封隔器

(5)自封式封隔器

自封式封隔器是靠封隔器外径与套管内径的过盈和压差实现密封的封隔器，在起下过程中，皮碗总是紧贴套管管壁，该封隔器属于单向承压型封隔器，只能承受自上而下的压差，压差越大，皮碗与套管的密封越牢。

①坐封

自封式封隔器在下井后，依靠皮碗与套管内径的微小过盈，使皮碗适度贴紧在套管内壁上，将封隔器上下两端的环形空间隔开。当皮碗张开端压力大于另一端压力时，此压力差使皮碗进一步张开，更紧地贴在套管内壁上，从而使封隔器皮碗与套管内壁形成良好的密封，达到封隔环空的目的。

②解封

当封隔器两端存在与上述方向相反的压力差时，将迫使封隔器皮碗收缩，直接上提管柱即可提出封隔器，此时一般增加负荷 2～5kN。此时，封隔器上下两端相互连通。当地层少量出砂或有其他机械杂物时，仍可加大提升负荷(50～80kN)将皮碗拉坏，方便地提出井内管柱，避免了更复杂的井下作业，这是其他封隔器无法做到的。自封式封隔器如图 2-59 所示。

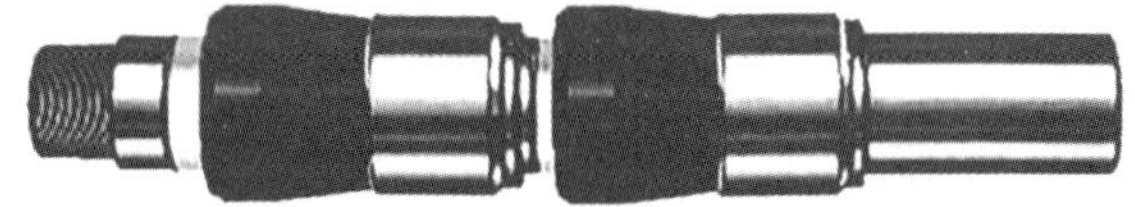

图 2-59 自封式封隔器

(6)封隔器坐封、解封及验封

①封隔器坐封：封隔器在给定方法和载荷作用下，使封隔件处于工作状态，称为封隔器的坐封(或释放)。

②封隔器解封：封隔器在给定方法和载荷作用下，解除封隔件工作状态，称为封隔器的解封。

③封隔器验封：封隔器在井下预定位置坐封后是否能起到封隔作用，要经打压后验证其密封性能好坏的操作称为封隔器的验封。

(7)封隔器坐封解封载荷型式

①中心管内加液压。

②作用于封隔器上接头的轴向拉、压力。

③作用于封隔器上接头的扭矩。

(8)封隔器卡簧锁紧装置

封隔器的锁紧机构多采用卡簧锁紧装置，卡簧采用弹簧钢材料，其结构如图 2-60 所示。在整圈卡簧上开一小口，使卡簧在遇阻张开后可以收回，起到卡住锁紧作用。

图 2-60　封隔器卡簧锁紧装置

(9)封隔器桥塞、丢手的用途

封隔器是用于井下套管或裸眼里封隔油、气、水层的专用井下工具。它的封隔件是胶皮筒，封隔原理是通过外力作用使胶皮筒长度缩短和直径变大以密封油、套管环形空间，把封隔件上、下油(气、水)层隔开，从而实现油、水井的分层测试、分层采油、分层注水、分层改造和封堵水层的目的。

桥塞是指停留在井中某一深度而又与管柱脱离的封隔器，因此又称为丢手封隔器。桥塞的主要用途有代替灰塞，用于封堵底层、封井等；分采卡堵水层；井下作业中用作底封隔器或挤注水泥、压裂、堵水等特殊作业工具。

丢手工具主要由丢手和打捞两部分组成，丢手压力为 18～20MPa。丢手工具位于控制管柱的最上部，紧接最上一级封隔器，封隔器坐封后，继续增压，则控制活塞下行，剪断控制销钉，释放锁爪，地面观察为泵压突然下降，套管返水，上提后即可实现丢手。所谓丢手，简单理解就是将工具“丢”入井筒中，“丢”的意思就是下面的工具不与井口相连，是独立存在于井里的。

(10)封隔器型号编制

封隔器型号是按封隔件分类代号、封隔器支撑、坐封、解封方法代号及封隔器钢体最大外径 5 个参数依次排列，进行型号编制。

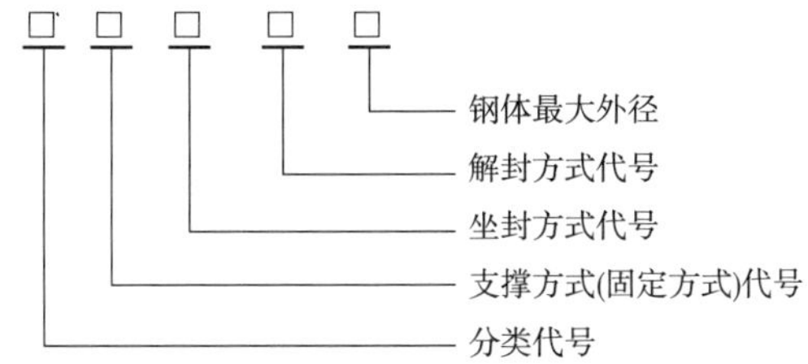

①分类代号

分类代号用分类名称第一个汉字的汉语拼音大写字母表示，方法应符合表2-13规定。

表2-13 分类代号

分类名称	自封式	压缩式	楔入式	扩张式
分类代号	Z	Y	X	K

②支撑方式(固定方式)代号

支撑方式代号用阿拉伯数字表示，方法应符合表2-14规定。

表2-14 支撑方式代号

支撑方式名称	尾管	单向卡瓦	无支撑	双向卡瓦	锚瓦
支撑方式代号	1	2	3	4	5

③坐封方式代号

坐封方式代号用阿拉伯数字表示，方法应符合表2-15规定。

表2-15 坐封方式代号

坐封方式名称	提放管柱	转管柱	自封	液压	下工具
坐封方式代号	1	2	3	4	5

④解封方式代号

解封方式代号用阿拉伯数字表示，方法应符合表2-16规定。

表2-16 解封方式代号

解封方式名称	提放管柱	转管柱	钻铣	液压	下工具
解封方式代号	1	2	3	4	5

⑤钢体最大外径

钢体最大外径用阿拉伯数字表示，单位为mm；工作温度用阿拉伯数字表示，单位为℃；工作压差用阿拉伯数字表示，单位为MPa。

应用本标准时，可将油田名称加到封隔器型号的前面，用汉字的第一个汉语拼音大写字母表示，如中原用ZY表示，江汉用JH表示。如ZYY221-114封隔器，表示该封隔器为中原油田设计的，封隔件的工作原理为压缩式、单向卡瓦支撑、转动管柱坐封、提放管柱解封、钢体最大外径为114mm。封隔器新旧型号对比见表2-17。

表 2-17 新旧型号对比

旧型号	SL151-5	JH453	754-5
新型号	Y111-114	K344-114	Y341-114

2.5.2 控制类工具

为实现工艺管柱的功能或达到工艺技术目的，需要对一些工艺参数进行有效控制。生产中把井下工艺管柱中进行参数控制的工具统称为控制类工具。工艺管柱中需要控制的参数很多，如流量、压力、位置等，控制方法也各有不同，因此控制类工具种类繁多，功能各异，有的只进行单一参数控制，有的则可进行多项参数控制。下面介绍几种最常用的控制类工具。

(1)安全接头

安全接头是连接在井内工艺管柱上的一种易于脱开的安全工具。该工具连接在作业管柱中，能传递扭矩，承受拉、压负荷。在作业管柱遇卡时，通过在井口操作作业管柱，安全接头可首先脱开，将安全接头以上管柱起出，以简化作业程序，提高作业效率，为及时解除井下事故提供保障。

现场采用的安全接头主要为J型和H型两类。J型安全接头在工具中部有一特制扣型的反扣连接，如图2-61所示，需要脱开时在井口转动油管即可完成，操作非常简单，但传递扭矩受限，且在水平井中无法使用。H型安全接头中间有一组锁块锁定，内有滑套，如图2-62所示，需要脱开时在井口投入钢球，向管柱内打压，推动滑套下行，释放锁块即可实现丢手。该工具可传递扭矩和拉力，直井、水平井都能使用。

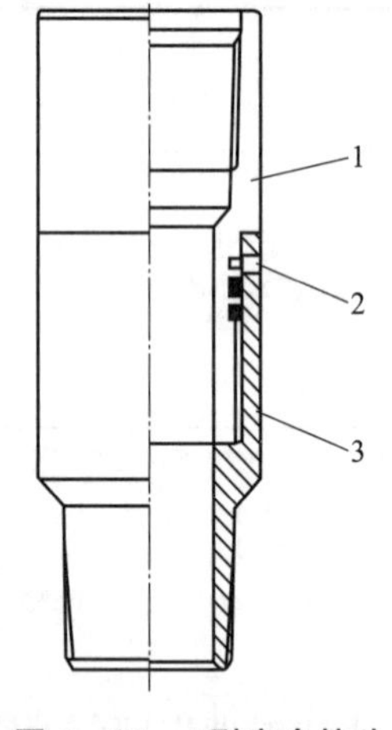

图2-61 J型安全接头

1—上接头；2—剪钉；3—下接头

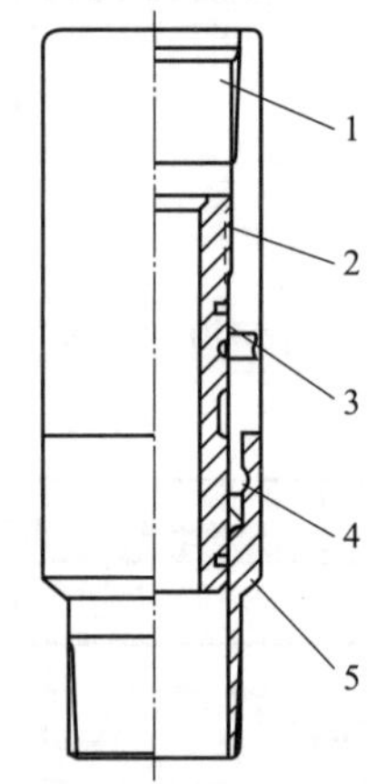

图2-62 H型安全接头

1—上接头；2—滑套；3—剪钉；4—锁块；5—下接头

(2)水力锚

水力锚是连接在井下工艺管柱上的一种位置控制工具。在压裂酸化等措施作业中，油管长度会随着施工压力的变化而改变，管柱中井下工具的位置便产生相对移动。这种频繁的移动会影响封隔器胶筒的使用寿命，甚至被损坏。为解决这种现象给井下工具带来的影响，需要将油管与套管锚定在一起。水力锚就是解决这一问题的有效装置。

水力锚结构如图 2－63 所示。油管内憋压，水力锚锚爪在液体压力的作用下向外伸出，卡紧套管内壁，实现锚定动作。当油套压力平衡后，锚爪在挡板内弹簧的弹力作用下收回，解除锚定作用。

(3)节流器

节流器是连接在井下工艺管柱上的一种压力控制工具。在分层酸化、化堵、找漏等工艺管柱中，当使用如 Y344 型、K344 型等液压坐封封隔器时，为使封隔器坐封，要保证油管内压力始终高于油管外压力，节流器就是实现这一目的的工具。

节流器结构如图 2－64 所示。常压下节流器处于关闭状态，当管内压力升高到设定值时，流体经中心管下端侧孔推动凡尔压缩弹簧上行，凡尔被打开，液体从管内流出进入地层。当管内压力降低时，凡尔在弹簧的推力下自行将流量减小或关闭，始终使油管内外压差处于设定的数值。

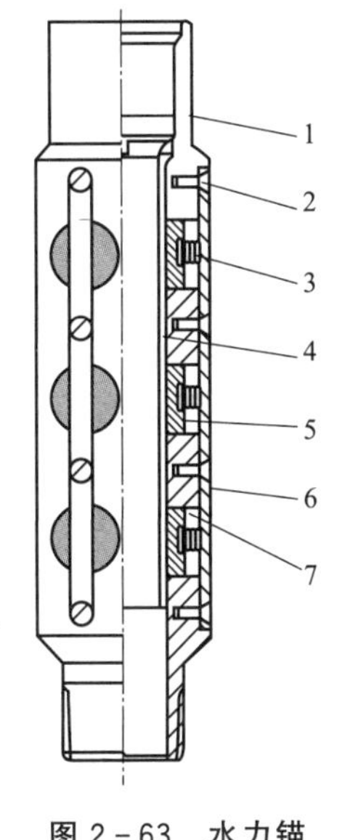

图 2－63　水力锚

1—主体；2—螺钉；3—弹簧；4—中心管；5—锚爪；6—挡板；7—O 形圈

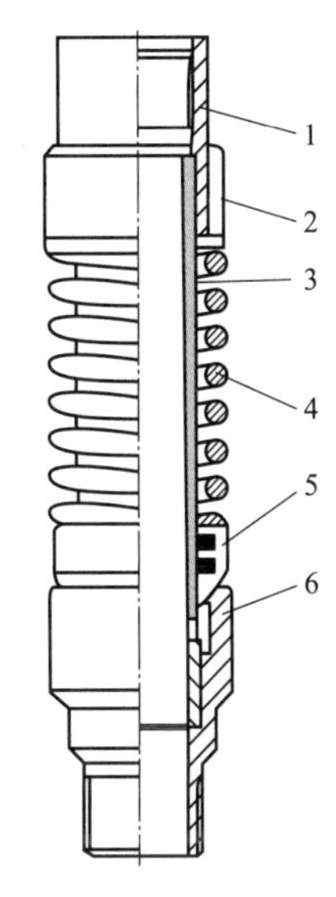

图 2－64　节流器

1—上接头；2—调节环；3—中心管；4—弹簧；5—凡尔；6—凡尔座

(4)滑套节流器

滑套节流器是连接在多层压裂酸化工艺管柱上的一种流量控制工具，其结构如图 2－65 所示，依靠滑套的去留实现滑套节流器的开与关，从而改变液流方向。利用高耐磨材料的喷嘴进行节流，保持管内压力始终高于管外压力，为封隔器及其他工具提供坐封动力。在多层压裂酸化工艺管柱中有多个液压坐封封隔器和多个滑套节流器，滑套内径自上而下逐步减小。需要对某个层位施工时，只需从井口投入对应的钢球，打开对应层位的滑套节流器，同时滑套将自动关闭下部管柱，即可进行施工。

(5)导压喷砂器

导压喷砂器是连接在任意层压裂工艺管柱上的一种流量控制工具，如图 2-66 所示。在任意层压裂工艺管柱中，施工层位上、下各有一个封隔器封隔上、下层位，中间是导压喷砂器。施工时压裂液经喷嘴节流后在导锥体的引导下通过连通内管和主体间的条形侧窗进入地层，同时节流前的高压压裂液经滤网过滤后通过内管与主体之间的环空进入导压喷砂器以下管柱，为管柱下部工具提供坐封压力。由于喷嘴的节流作用，保证管内压力始终高于管外压力，使管柱中上、下封隔器和水力锚都能正常工作。

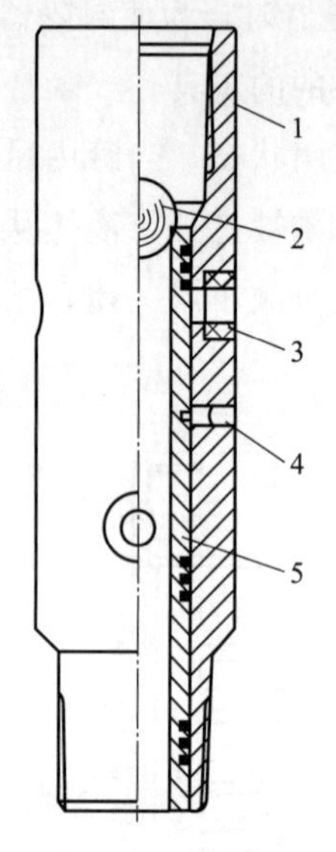

图 2-65　滑套节流器

1—主体；2—钢球；3—喷嘴；4—剪钉；5—滑套

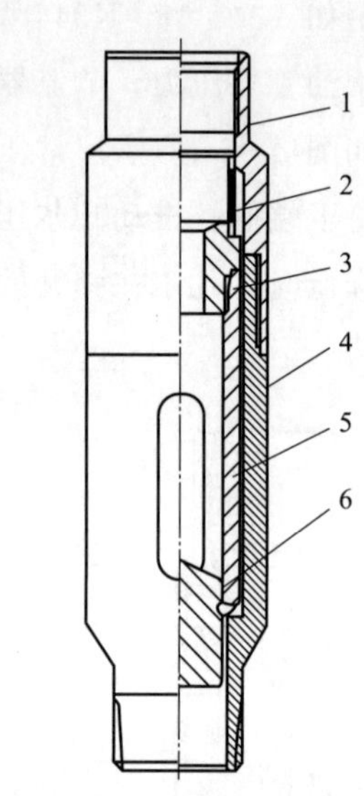

图 2-66　导压喷砂器

1—上接头；2—滤网；3—喷嘴；4—主体；5—内管；6—导锥体

(6)偏心配水器

偏心配水工具是油田最为常用的分层注水工具，是连接在注水工艺管柱上的一种流量控制工具。偏心配水器注水工具由偏心配水器和堵塞器两部分组成，堵塞器可通过钢丝投捞作业在不动油管柱的情况下进行更换。

偏心配水器主要由上接头、扶正体、上连接套、螺栓、主体、下连接套、支架、导向体和下接头组成，如图 2-67 所示；中间主体上在中心通道一侧有一直径 20mm 偏孔，用于安装固定堵塞器，如图 2-68 所示。

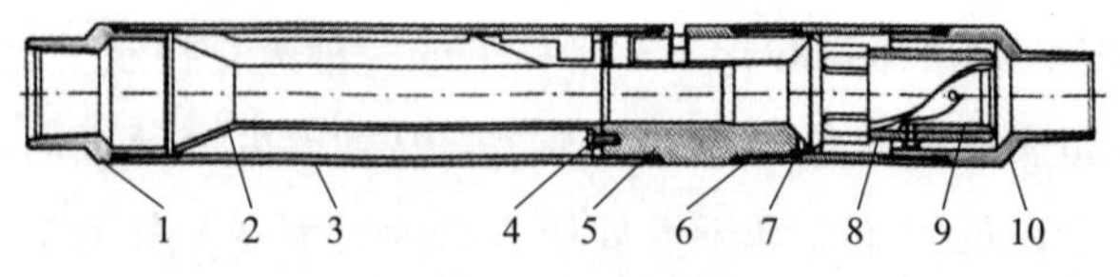

图 2-67　偏心配水器

1—上接头；2—扶正体；3—上连接套；4，7—螺栓；5—主体；6—下连接套；8—支架；9—导向体；10—下接头

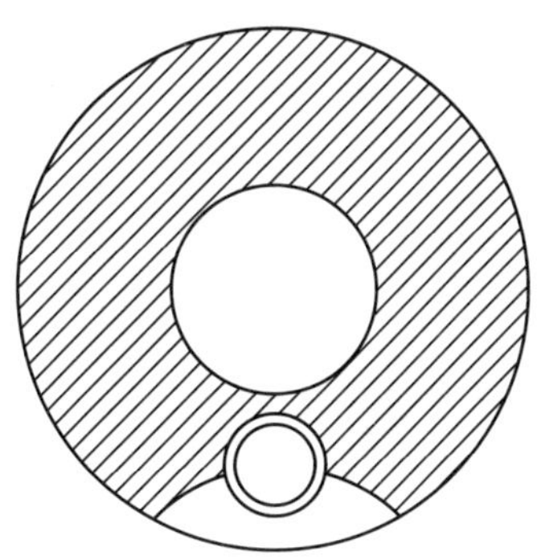

图 2-68 偏心配水器主体截面

(7)堵塞器

堵塞器由释放杆、上接头、弹簧、主体、扭簧、凸轮轴、凸轮、剪切销、活塞、水嘴、密封垫和下接头组成，如图 2-69 所示。水嘴大小可根据注水要求更换。堵塞器组装好后用投捞器投入偏心配水器偏孔内，通过外部 O 形圈与偏孔密封，并由凸轮机构固定；需要更换水嘴时，用投捞器捞住释放杆上提，使凸轮内收，解除凸轮机构的固定，捞出堵塞器，更换水嘴后可重新投入。

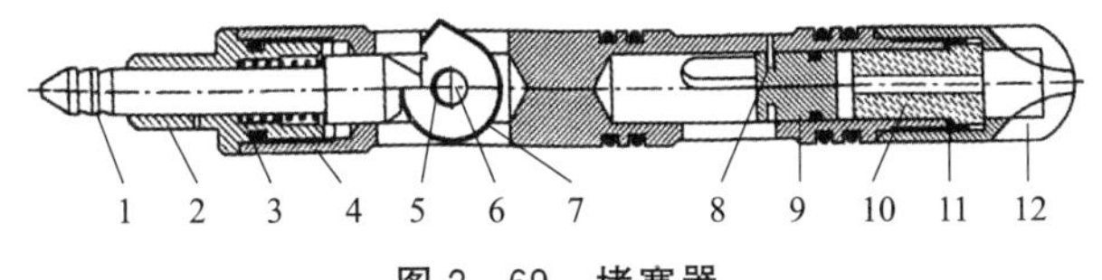

图 2-69 堵塞器

1—释放杆；2—上接头；3—弹簧；4—主体；5—扭簧；6—凸轮轴；7—凸轮；8—剪切销；9—活塞；10—水嘴；11—密封垫；12—下接头

2.5.3 井下封隔器及控制类工具应用实例

井下封隔器和控制类工具是组成工艺管柱的基本单元。种类繁多的封隔器和控制类工具，只有通过不同组合组成各种工艺管柱，才能进行工艺技术目的实施。下面以油田常用的工艺技术管柱为例，介绍井下封隔器和控制类工具的组合应用方法，以利于加深对各种工具的理解。

(1)采油堵水工艺管柱

在抽油机井采油生产中，采油与机械堵水大多采用一体化管柱实现，管柱上部为往复式抽油泵，下部为堵水封隔器。图 2-70 所示为单封隔器采油堵水工艺管柱，原油经生产层流出后经筛管进入抽油泵。图中管柱(a)为封堵下层水，生产上层油；管柱(b)为封堵上层水，生产下层油。管柱(a)和(b)中的封隔器为 Y211 型封隔器，也可用 Y221 型封隔器代替。图中管柱(c)为可取式桥塞封堵下层水，生产上层油，可取式桥塞可用 Y445 型等，也可使用易钻桥塞。

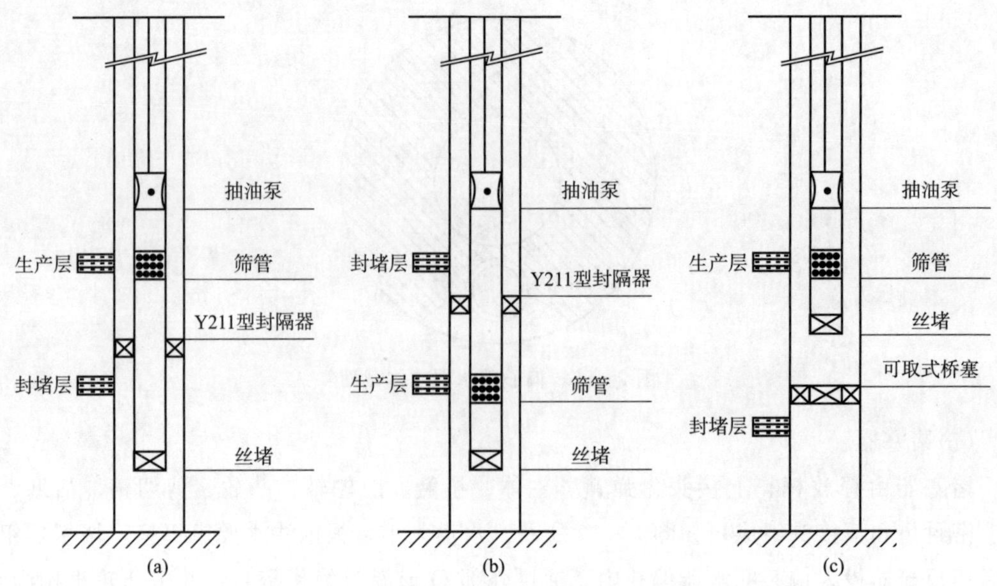

图 2-70 单封隔器采油堵水工艺管柱示意图

图 2-71 所示为双封隔器采油堵水工艺管柱，在跨层封堵情况下使用。管柱(a)为封堵中层水，生产上层和下层油；管柱(b)为封堵上层和下层水，生产中层油。管柱(a)和(b)中的封隔器为 Y211 型和 Y111 型组合使用，当 Y211 型封隔器提放管柱坐封后，继续下压管柱坐封 Y111 型封隔器，其中 Y211 型封隔器也可用 Y221 型封隔器代替。图中管柱(c)为可取式桥塞和 Y211 型封隔器组合管柱，可取式桥塞封堵下层水，Y211 型封隔器封堵上层水，生产中层油。

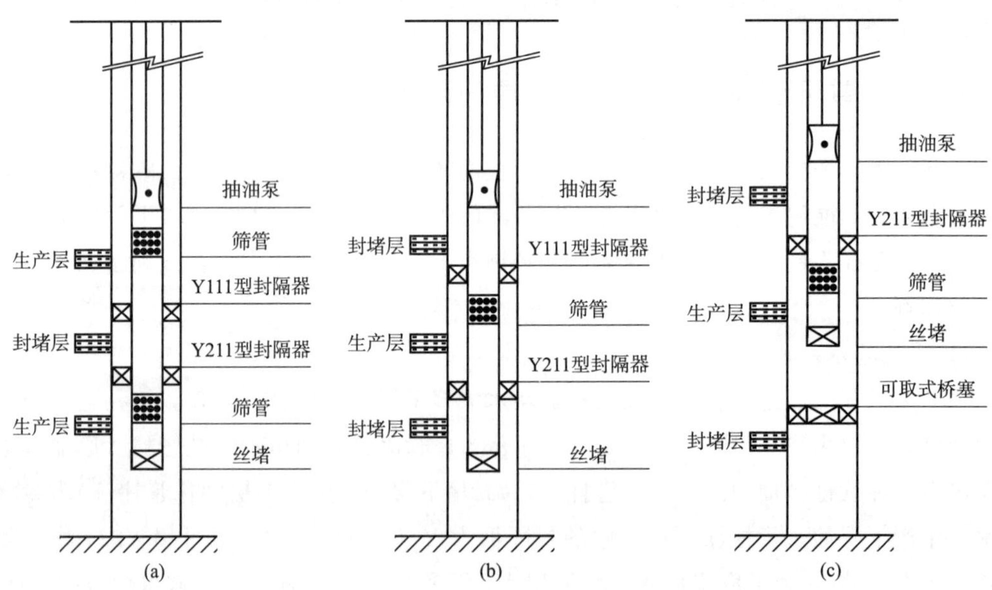

图 2-71 双封隔器采油堵水工艺管柱示意图

(2)分层注水工艺管柱

图 2-72 所示为三级四段分层注水管柱，由 Y341 型注水封隔器和偏心配水器等组成，管柱中撞击筒为在钢丝投捞过程中打开投捞器所用。管柱入井前所有偏心配水器均装入配有丝堵的堵塞器，管柱下入预定深度后从油管加压坐封全部封隔器，然后用钢丝投捞工具逐个捞出偏心配水器中的堵塞器，并按配水要求装入合适的水嘴后投入对应的偏心配水器内，即可进行正常注水。注入水经堵塞器中不同规格的水嘴控制，对各注水层注入不同的水量。当进行反洗井时，油套管环空压力高于油管内压力，在压差作用下各注水封隔器的洗井凡尔从上而下被依次打开，洗井水经井口—油套管环空—封隔器反洗通道—筛管—球座—油管内—井口，实现反洗井。测量水量时，将流量计分别下至不同配水器位置测量，即可测出不同层位注水量。调配注水量时，用钢丝投捞工具捞出偏心配水器中的堵塞器，更换合适的水嘴后重新投入对应的偏心配水器内。换封时上提管柱，即可自上而下解封全部封隔器，起出井内全部管柱。

(3)多层分层压裂工艺管柱

图 2-73 所示为三层分层压裂工艺管柱。该管柱为分压合采管柱，压裂时全部封隔器坐封，压裂施工完成后封隔器全部解封，变成合采状态。工艺管柱由安全接头、水力锚、K344 型封隔器、滑套节流器和节流球座组成。其中的封隔器也可用 Y344 型封隔器代替。水力锚用于锚定管柱，以防封隔器胶筒损坏。

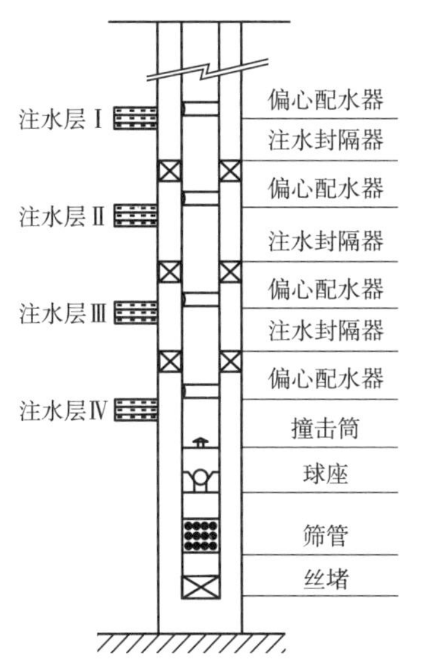

图 2-72　三级四段分层注水管柱示意图

图 2-73　三层分层压裂管柱示意图

施工开始，油管内大排量的液体经节流球座节流，管内压力高于环空压力，封隔器和水力锚坐封、坐卡，压裂液经由节流球座喷出，对压裂层Ⅰ进行施工。第一层施工结束后，从井口投入与滑套节流器 1 配套的钢球，打压打开滑套节流器 1 喷嘴，同时滑套下落坐入节流球座密封部位实现密封，压裂液经由滑套节流器 1 喷出，对压裂层Ⅱ进行施工。第二层施工结束后，从井口投入与滑套节流器 2 配套的钢球，打压打开滑套节流器 2 喷嘴，同时滑套下落坐入滑套节流器1密封部位实现密封，压裂液经由滑套节流器2喷出，对压裂层Ⅲ进行施工。施工结束，油套压力平衡，封隔器和水力锚自行解封、解卡。若起管柱时发生卡钻现象，可从安全接头处丢开，先起出上部油管，再进行下部处理。

(4)任意层压裂酸化工艺管柱

图2-74所示为任意层压裂酸化工艺管柱图。管柱(a)是由K344型封隔器和导压喷砂器组成的任意层压裂工艺管柱。施工时，油管内大排量的液体经导压喷砂器喷嘴节流，管内压力高于环空压力，封隔器和水力锚坐封、坐卡，两个封隔器分别封堵上、下非压裂层，压裂液经由导压喷砂器侧窗喷出，对压裂层进行施工。施工结束后，油套压力平衡，封隔器和水力锚自行解封、解卡。

管柱(b)是由Y344型封隔器和节流器组成的任意层酸化工艺管柱。施工时，油管内的液体在设定压差下推动节流器凡尔打开，因节流器压差的设定，管内压力高于环空压力，封隔器和水力锚坐封、坐卡，两个封隔器分别封堵上、下非酸化层，酸液经由节流器流向酸化层位。施工结束后，油套压力平衡，封隔器和水力锚自行解封、解卡。

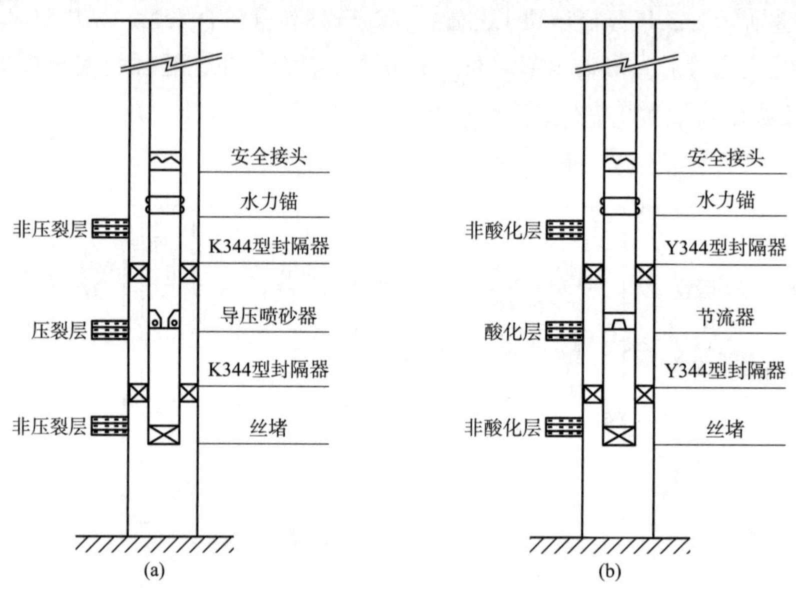

图2-74 任意层压裂酸化工艺管柱示意图

2.6 海洋石油钻井平台与装备

2.6.1 海洋石油钻井平台分类

(1)海上石油钻井平台的类型

在海上油田的勘探开发过程中，不论是在勘探阶段钻勘探井，还是在开发阶段钻生产井，均要在海上石油钻井装置(平台)上进行作业。

海上石油钻井装置(平台)的类型很多，大体上可分为固定式和移动(活动)式两大类。

固定式钻井装置包括：桩基(导管架)式平台和重力式平台；用于深水作业的顺应式平台，如牵索(绷绳)塔式平台、张力腿式平台、浮力塔式平台；用于浅水作业的人工岛。

移动式钻井装置包括坐底式钻井平台、自升式钻井平台、半潜式钻井平台和浮式钻井船。

(2)海上石油钻井平台的选择

海上钻井平台的选择是一个涉及面很广的问题，需要综合考虑各种因素。概括起来有以下几方面：

①作业要求，是钻勘探井还是生产井，是直井还是丛式井以及完井方式等；

②作业海区的环境条件，包括：水深、风、波、潮流等海况，海底地质条件及离岸距离等；

③经济因素，主要指各种装置的建造成本、租金及操作费用；

④供选择的钻井装置及其技术性能、使用条件。

综合上述因素，结合本国经济技术水平、政府意图，可对钻井装置做出最后选择。

一般观点是：勘探阶段和早期开发阶段，用移动式钻井平台为宜，这样可以灵活调动，重复使用；开发生产阶段，使用固定式平台较好，可以一台多井，一台多用。一般在选择钻井装置时，应首先考虑水深情况。按水深范围选择平台的基本原则如下。

钻勘探井用的钻井平台：

①水深小于 10～15m 宜选用坐底式平台；

②水深在 15～75m 宜选用自升式平台；

③水深在 75～200m 宜选用锚泊定位的半潜式平台或钻井船；

④水深在 200m 以上宜选用动力定位的半潜式平台或钻井船。

钻生产井用的钻井平台：

①水深小于 300m，可选用桩基导管架式平台；

②水深 300～600m，可选用绷绳塔式平台或张力腿平台；

③水深小于 160m，如果海底地形平坦，又有可建造混凝土重力式平台的深水港湾和航道，可选用混凝土重力式平台；

④若选用浮式生产系统或早期生产系统，可根据水深选用打探井的活动式平台。

总之，海上钻井装置的选择是整个海上油田开发系统的一部分，要根据整个系统的经济分析来选择才是最合适的。

2.6.2 固定式海洋钻井平台

固定式钻井平台是用桩基、沉垫基础或其他方法固定于海底指定位置并对其产生支承压力的从事钻井作业的海上结构物。一般可分为刚性固定平台和柔性固定平台。

固定式钻井平台是在海里搭起构架，然后在构架上建造平台。平台可以提供钻机等机械设备安装空间，提供钻井作业场所和生活场所。海上钻井工艺与陆地钻井工艺相似。海上钻井的特点是海水用隔水管隔开，物资需要专门船舶运送，人员上下平台需要用船舶或者直升飞机接送。固定式钻井装置主要包括导管架式钻井平台、重力式钻井平台、张力腿式钻井平台、绷绳塔式钻井平台。

(1)导管架式钻井平台

导管式钻井架平台(Jacket Platform)在海上建造时，先在海底井位处安放一个导向管架；再在导向管内打桩插入海底岩层，并注水泥，把导向管和桩柱组成牢固的整体；最后在导管架上安装钻井或采油平台。这种平台的优点是抗风浪的能力较强，适应的工作水深一般小于150m。为了避免海浪打到平台底层上，平台的下表面应高出静海面6～10m，见图2-75。

图2-75 导管架式钻井平台

导管架式钻井平台结构组成包括：

①导管架

导管架是整个平台的支撑部分，是用钢管焊接而成的一个空间钢架结构。它的制造工艺复杂，就拿两管相交处的相贯线的加工来说，一般的切割工艺都不能满足要求，必须用数控切割机床进行加工，这就需要先求出相贯线方程，输入机床的控制台，方可进行切割。再如管节点的焊接，必须采用手工电弧焊，多层多道焊接，焊完后需要进行超声波无损探伤，如发现夹渣或焊不透，必须刨掉重焊，一次返工后仍不合格，则这个管节点就得报废。也许有人认为这样的要求太苛刻了，但这并不过分。因为导管架大部分浸于海水中，受到海洋环境载荷的作用，很容易产生腐蚀疲劳破坏，所以，管节点是导管架的薄弱点。

一般导管架是在岸上焊好，然后用拖轮整体运输，到达井位后，用浮吊就位，就位后，再从导管中插入钢桩，用打桩机将其打入海底基岩，然后在导管与桩的环形空间注入水泥，使两者连成一体，这样导管架就固定好了。

由两根正交的管子构成的管节点叫作T型节点。若撑杆与主管以锐角相交，该连接称为Y型节点。如果两根撑杆都在弦管的一侧，即每根撑杆的中心线与弦管的轴线形成锐角，该连接称为K型节点。如果一根撑杆与弦管垂直，另一根以锐角相交，该节点称为N型节点。当两根撑杆从弦管两侧正交并使所有三根管子处于同一平面，该连接称为X型节点或十字型节点。导管架的薄弱环节是管节点，管节点的类型有许多种。

②偏心节点

在一个平面节点内的两个或多个纵向轴交叉处，从撑杆轴与弦管轴的交叉点至弦管轴的垂直距离定义为偏心距。

如果此距离在弦管轴向着撑杆的一边，则偏心距为负值；如果在背着杆的一边则为正值。负偏心距引起撑杆的搭接；正偏心距促使弦杆上撑杆的分开。对于具有静力载荷的薄壁弦管，负偏心距与零偏心距连接相比可提高承载能力。然而，具有搭接撑杆的节点与无搭接的节点相比，其疲劳寿命可能降低。管节点的力学分析和计算非常复杂，其不利情况是应力集中。

③帽

帽的作用是连接导管架与上部平台，也是一个空间刚架结构。它与导管架的连接处焊有销桩，就位时，先插入销桩，然后焊成一体。

④工作平台

工作平台用于放置钻井设备，提供作业场所，以及工作人员生活场所。

导管架式钻井平台的稳定性好，适用于浅水海域，结构简单，安全可靠。但海上安装工作量大，制造和安装周期较长，随水深增加费用显著增加，整体的搬运性较差。到目前为止，仅在我国渤海区域先后建成了几十座固定式钻井平台，现在已拆除了三座，报废两座，其余的都改装成采油平台，渤海北油田的 A、B 平台，每座设计钻井 32 口，现在已改装成采油平台。

(2)重力式钻井平台

混凝土重力式钻井平台(Gravity Platform)底部通常是一个巨大的混凝土基础(沉箱)，用三个或四个空心的混凝土立柱支撑着甲板结构，在平台底部的巨大基础上被分隔为许多圆筒型的贮油舱和压载舱，这种平台的重量可达数十万吨，如图 2－76 所示。正是依靠自身的巨大重量，平台直接置于海底。现在已有大约 20 座混凝土重力式钻井平台用于北海。不过由于混凝土平台自重很大，对地基要求很高，使用受到限制。图中八角形处为直升机起降平台。

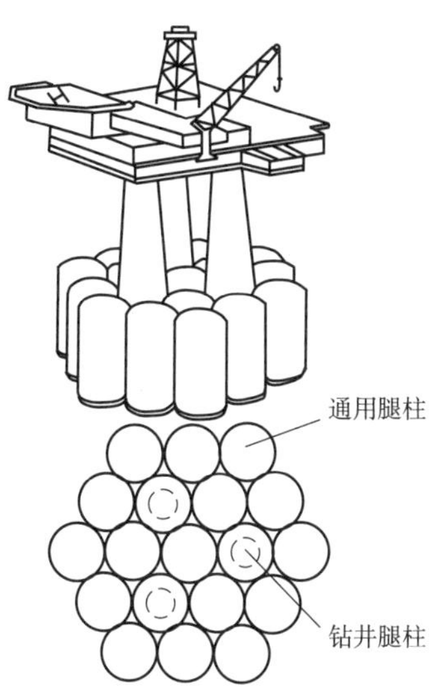

图 2－76 重力式钻井平台

重力式钻井平台是由钢质甲板、立柱及混凝土储罐底座组成的。混凝土储罐由十几个直径相当大的圆柱体组成，像啤酒瓶子群，然后过渡到数根支撑部分，即立柱上，如同瓶颈升出海面，从而支撑整个钢质甲板。它的底座很大，需要坐落在平坦的海底，可以作为石油储罐，150m 水深的平台其储油能力大约为 13×10^{4}t。

平台装有喷水装置，如果需要搬迁平台，只需要通过喷水装置消除它的吸附作用就能搬迁。另外，这种平台装有专门研制的防冲刷装置。这个装置由几个钢质或混凝土的活瓣组成，活瓣铰接到底板上，并用可以松开的钢链固定到储罐壁上。拖航时这些活瓣可以容纳足够数量的岩石和砂砾，而当平台固定到海底时，活瓣就松开，这样就可以立即起到防止冲刷的作用。有了这个装置后，从安装的最初阶段起，就增加了作业的安全性。

它的优点是不需要打桩，可以缩短海上施工日期，安装钻井与辅助设备可以在风浪较小，但海水较深的港湾或比较平静的海面上进行，这样大大缩短了在风浪条件较恶劣的海上油田的施工时间。它不需要掌握复杂的技术，用途较为广泛，可以进行钻井、采油、储油、系泊等多种操作，大大增加了储油的能力，维修费用低，使用寿命长，对海水腐蚀具有较好的抵抗能力，能很好地适应海洋环境。

它的缺点是对海底土质要求高。如果土质松软或者地势不平坦，承受不了巨大的重量，则不能采用该种平台。此外，出现缺陷后修复比较困难，并且水泥重力式平台会有渗水现象发生。

(3)张力腿式钻井平台

①张力腿式钻井平台特征

张力腿式钻井平台(Tension Leg Platform)本身是一个浮动平台，平台的贮备浮力远远大于平台的重力，靠缆绳或锚链(称作张力腿)的张力(而且此拉力应大于由波浪产生的力，使锚索上经常有向下的拉力)将平台与事先固定在海底的锚桩拉紧，平衡一部分浮力，并使平台较好地固定在海面上。如图 2－77 所示，这种非刚性的连接，不仅可减小平台的摇摆和倾斜，而且由海底地震引起的海床运动，也在到达平台之前被大大减弱了。这种平台在竖直方向上是刚性的，在水平方向是柔性的，故可以将钻井设施安装在甲板上，将套管油管从隔水管中下入就可以进行钻井作业。

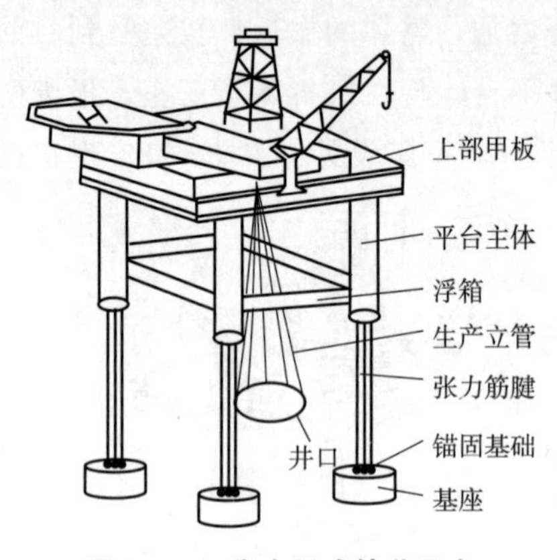

图 2－77　张力腿式钻井平台

②张力腿式钻井平台构成

张力腿式钻井平台主要由平台本体(上平台、立柱、下平台)、张力筋腱、锚固基础等构成。

平台的浮力由立柱和位于水面以下的下体浮箱提供。浮箱首尾与各立柱相接，形成环状结构。由于位于水面以下较深处，因此，浮箱受表面波浪力的影响较小。张力腿与立柱的数量关系一般是一一对应的。每条张力腿由 2～4 根张力筋腱组成，上端固定在平台本体上，下端与海底基座模板相连，或是直接连接在桩基顶端，如图 2－78 所示。

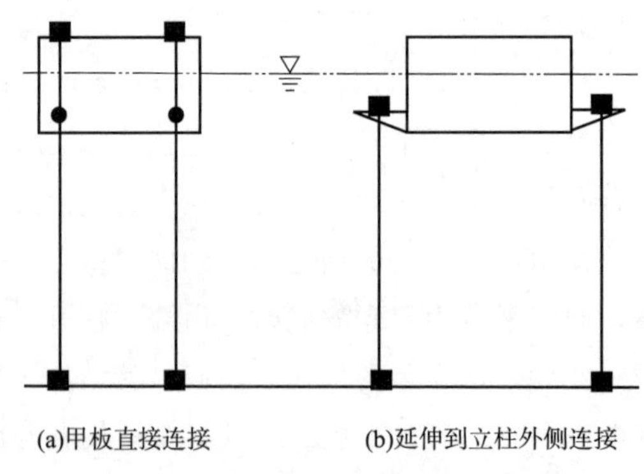

图 2－78　张力筋腱与主体连接方式

张力筋腱由等直径的钢管构成，直径较大，壁厚较薄。早期的张力筋腱通过角柱在水平面上和甲板相锚固，造价相对比较昂贵，安装也比较困难，后来发展成张力腿设计在立柱外侧锚固。但是，随着水深增加，张力筋腱长度的增加，出现了张力筋腱重力过大的问题，改变了受力状况，影响了平台的定位性能。

张力腿锚固基础指的是将张力腿固定在海底的基础系统。锚固基础可以有多方面的选择，包括桩基础、重力式基础(含吸力锚)、浅基础等，也可以是上述各种基础形式的组合。

a. 桩基础

平台承受的载荷是通过桩基础来传递到地基。载荷传递的方式有很多。张力腿既可以和桩基直接相连来传递载荷，也可以通过基盘间接和桩基础连接传递载荷。

b. 重力式基础

重力式基础主要依靠其自身重量抵抗在使用时所遇到的环境荷载(风、浪、流、冰等)。基础最初贯入是在自重作用下产生的，然后通过吸出裙舱内的水形成舱内负压实现进一步贯入，最终达到设计深度。混凝土基础基座上部中央和张力腿相连。由于海底并非一个平面，所以在基础的贯入过程中通过调整对应的舱内负压来控制各基座的贯入深度，为张力腿提供一个水平面。

张力腿式钻井平台相对地固定在海底，可以保持在深水中的平稳性，即使在大风浪冲击下也能保持一定的稳定性，适用于深海钻井。另外，由于张力筋腱代替大量钢材，降低了成本，同时增加了平台的可移动性和抗震性能。但是，水深过大会增加张力筋腱的自重，影响平台的性能。

(4)绷绳塔式钻井平台

绷绳塔式钻井平台(Guyed Tower Platform)使用在较深海域，它不需要有深入海底的桩基来抵抗海上复合载荷的作用，而是依靠各方向对称的绷绳张力。绷绳张力使塔架适应海浪的轻微摆动，能随波浪力的响应稍微移动，其系泊系统能为塔架提供足够的复原力，使它始终保持垂直状态。如图2-79所示。设计时允许塔的倾斜度在2°以内，而不致影响钻井和采油的操作。这种平台结构与钢结构相比，可以大幅节约钢材。由于这种平台构件尺寸小，故所受风浪力也比较小，结构较简单，造价较低廉，是一种理想的深水平台。它的应用水深范围在200～650m。

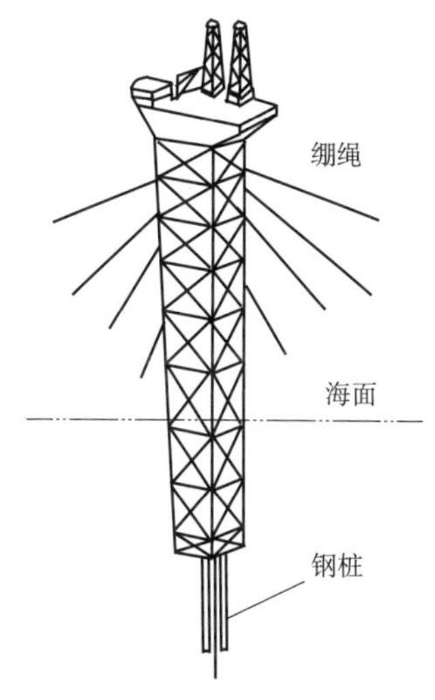

图2-79 绷绳塔式钻井平台

2.6.3 移动式海洋钻井平台

移动式海洋钻井平台，在作业完成后，可拖航或自航到其他地点，包括坐底式钻井平台、自升式钻井平台、半潜式钻井平台以及浮式钻井船。移动式海洋钻井平台可按生产要求移动，特别适用于钻勘探井或纵式生产井，具有在几十年一遇的恶劣环境条件下生存的能力。

(1)坐底式钻井平台

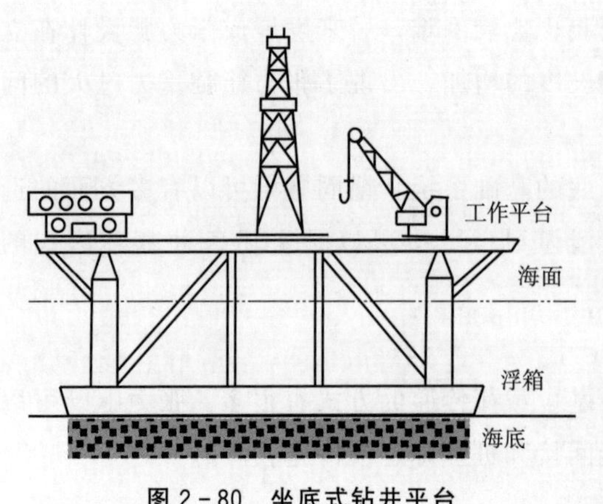

图 2-80　坐底式钻井平台

坐底式钻井平台(Bottom Supported Platform)又叫钻驳或插桩钻驳，这是一种具有沉垫浮箱的移动式平台。坐底式钻井平台由沉垫(浮箱)、工作平台、立柱(中间支撑)三部分组成。如图 2-80 所示。

坐底式钻井平台工作时，先由拖轮将其拖至井位，然后灌水下沉，沉垫坐底后，打好抗滑桩，就可钻井作业。由于坐底式平台甲板高度固定，其工作水深较浅(一般为 30m 以下)，因而适宜在极浅海区打探井。

坐底式钻井平台有沉垫坐在海底，只要海底土壤密实、平坦无严重冲刷，是比较稳定的，另外平台上设有抗滑桩，可提高平台的坐底稳定性。

①沉垫

沉垫是一个浮箱结构，有很多各自独立的舱室。每个舱室都装有供水泵和排水泵。沉垫用充水排气及排水充气来实现平台的升降，这样就可以按工作需要来实现固定和移动这两大功能的切换。就位时，向沉垫中注水，平台就慢慢下降，控制各舱室的供水量可保持平台的平衡。比如：钻井时，向浮箱中注水，就可固定于海底；完井后，需要移动到其他地方进行钻井时，沉垫排水充气，平台升起，以便拖航。

②工作平台

工作平台靠管柱支撑在沉垫(浮箱)上，通过尾部开口借助悬臂结构钻井。它用于安置钻井设备和生活舱室，提供作业场所以及工作人员的生活场所。

③立柱

立柱用于支撑平台，连接平台与沉垫。立柱的高度可以适时调节，以便适应变化的水深。若在立柱上增加浮筒，可显著提高稳定性，而且升降速度也大大提高。

坐底式钻井平台的优点是能提供稳定的钻井场地，移动性能好；而且改装后可作为采油平台、储油平台、生活与动力平台等。

这种平台的缺点是上层平台高度固定，不能调节，工作水深有限；拖航时阻力大；当海底冲刷严重时，钻井易移位，需要采取防滑移、防冲刷及防淘空等措施。

我国现有自行设计建造的“胜利二号”“胜利三号”和从国外购进、国内改装的“胜利四号”等坐底式钻井平台已用于海上作业。

(2)自升式钻井平台

①自升式钻井平台总体构成

自升式钻井平台(Jackup Platform)是一种由驳船形船体(上层平台)和数根能够升降的

桩腿(带沉垫或不带沉垫)组成的移动式平台。

自升式钻井平台，又称为桩脚式钻井平台，是目前国内外应用最为广泛的钻井平台，一般分为独立桩腿式和沉垫支撑式自升式钻井平台，如图2-81所示。自升式钻井平台是一种具有自行升降桩腿，并将桩腿插入海底而稳定地坐于海底的平台。自升式钻井平台工作时，先由拖轮拖至井位，抛锚定位，通过桩腿升降装置(机构)将桩腿插入海底，进行预压后，再用升降装置把船体上升到海面以上一定高度，便可钻井。完成一个井位的钻井作业后，船体降至海面，拔起桩腿，将其升至拖航位置，整个装置浮在海面上，整座平台便可用拖轮拖到新井位。为适应不同的工作水深，需由升降装置完成升降船和升降桩的工作。在作业时，应保持平台位置稳定；拖航时要特别注意桩腿位置的固定。

(a)柱腿自升式钻井平台

(b)桁架腿自升式钻井平台

(c)沉垫支撑自升式钻井平台

图2-81 自升式钻井平台示意图

自升式钻井平台主要用于打探井，也可用于打生产井和作为早期生产中的钻采平台，而且可进行修井作业。世界各国正在使用中的自升式平台约占移动式钻井装置总数的60%以上。我国海上钻井作业大多数也是使用自升式平台，如“渤海四号”“渤海五号”“渤海七号”“渤海八号”“渤海十号”“南海三号”“南海四号”“勘探二号”“胜利六号”等自升式钻井平台。其中“渤海五号”“渤海七号”是我国自行设计建造的自升式钻井平台。

自升式钻井平台一般由桩腿、工作平台和升降装置三部分组成。

a. 桩腿

桩腿可分为水密箱式(包括圆柱形和方形)和桁架式。水密箱式桩腿造价便宜，可靠性高，但刚性比较差，不适应大型自升式平台。桁架式桩腿的桁架结构刚性较大，但它会引起更大的波浪载荷，拉筋也更多，造价较高。因此，在风力载荷大、水域深、波浪小、流速较低的工况下采用桁架式桩腿比较好。

一般作业水深50m以内采用水密箱式桩腿，个别也用到作业水深约70m的；作业水深超过70m大都采用桁架式桩腿。

早期的自升式钻井平台桩腿数目有三、四、五、六、十二、十四、十八等几种。这主要是桩腿材料的强度低和升降装置容量小的原因，其结果是升降装置套数多，升降作业复杂，受风、浪等力大，拖航时重心提高等。随着高强度合金钢的采用和升降装置容量加大，至今，六桩腿以上的自升式平台已被淘汰，而广泛采用三腿式和四腿式。

b. 工作平台

工作平台本身是一个驳船甲板，用以安放钻井设备，并为工作人员提供工作和休息的场所。工作平台的形状有三角形、四边形、五角形等多种形状；搬迁时，靠它的浮力使平台浮在水面上。

c. 升降装置

升降装置包括动力系统、船体升降机械、桩腿的升降结构和固桩结构。升降装置目前常用的有气动、液压和电动齿轮齿条三种传动方式。通常桁架桩腿采用电动齿轮齿条传动方式，圆形或方形管柱桩腿采用气动或液压方式。

②自升式钻井平台桩腿升降装置

对于自升式钻井平台，升降装置的好坏直接影响到平台的成功与失败。升降装置的作用有两个：其一是在载荷很高的情况下，完成桩腿和船体之间的相对运动；其二是在工作状态时保持船体的固定位置。

升降装置的型式主要有销孔型、齿轮齿条型和齿爪型三种，它们各有其不同的特点。

a. 销孔型

销孔型升降装置适用于水密箱式桩腿，一般应用于小型的自升式平台中。

b. 齿轮齿条型

齿轮齿条型升降装置被广泛地采用，主要是它们的操作性能良好，并有平稳连续运动的能力，而且操控灵活。只要加大装置的动力，升降的速度就能提高。

这种齿轮齿条型升降装置系统可使每个支柱在控制速度为 28m/h 的条件下升降。提升系统是由电动机、主齿轮箱以及与主柱的齿条上的齿相啮合的二挡减速齿轮和小齿轮组成，具有可靠的防止破坏的能力。但这种型式的传动机构体积大，占用甲板面积大，而且，当动作停止时，必须啮合刹车来支撑住整个桩腿重量。全部载荷由几个齿轮来分担。这就要求任何一个齿轮都不会由于载荷分配不均匀，在相应桩腿的齿条上产生超载荷。在刹车状态下，齿轮始终处于受力状态，而且要求配合公差极小，因此，制造困难，要求材料强度高。

c. 齿爪型

齿爪型升降装置不是采用旋转方式驱动的，而是通过液压实现直线驱动。它的升降动作是不连续的，而且升降速度比较慢；但装置体积小，传动效率高，控制较灵活，对桩腿的制造公差要求较低。

由于深水平台要求升降速度快，并且平台重量比较大，升降装置的负荷较大，而液压阀件目前又难满足要求。鉴于这两方面原因，作业水深在 40～50m 以上时，基本上采用齿轮齿条式升降装置。

自升式钻井平台的优点是可以使用固定平台，钻井工艺与陆地相似，钻井时平台固定，所以不需要张力器、升沉补偿器来补偿调节垂直方向的距离；不需要调平装置，可移性较大，灵活性强，造价低，维修方便。

自升式钻井平台的缺点是拖航较困难，在拖航时抵御风暴袭击的能力差，平台定位或离位时操作复杂，且对波浪很敏感；由于带沉垫的自升式平台受海底水流冲刷，会使基础破坏，容易造成少量的滑移；当工作水深加大时，桩腿的长度、截面尺寸、重量均迅速增大，同时使平台在拖航状态和工作状态的稳定性变差，因而不适于在水深大的海区工作（一般工作水深在 120m 以下）；大型自升式平台的桩腿还可能存在振动问题。

③液压驱动插销式桩腿升降系统

a. 自升式平台液压驱动桩腿升降系统组成

自升式平台液压驱动桩腿升降系统主要由桩腿升降液压缸、上部固定插销液压缸、下部移动插销液压缸、上部环梁、下部环梁、桩腿销孔等结构组成。

b. 自升式平台桩腿升降工作原理

自升式平台桩腿操作过程如图 2－82 所示。假设平台浮在海中，操作步骤说明如下：(a)升降液压缸活塞杆缩回到上止点，上部固定插销液压缸与下部移动插销液压缸的锁销全伸出插入桩腿销孔中，桩腿与平台处于相对静止状态；(b)升降液压缸活塞杆处于上止点，上部固定插销液压缸锁销缩回从桩腿销孔中拔出，桩腿与平台通过升降液压缸与下部移动插销液压缸的锁销连接在一起，可由升降液压缸驱动带动桩腿向下移动；(c)升降液压缸活塞杆伸出到下止点，上部固定插销液压缸与下部移动插销液压缸的锁销全伸出插入桩腿销孔中，桩腿与平台处于相对静止状态，此时，桩腿下移一个工作行程；(d)升降液压缸活塞杆处于下止点，下部移动插销液压缸锁销缩回从桩腿销孔中拔出，桩腿与平台通过升降液压缸与上部固定插销液压缸的锁销连接在一起，平台与桩腿处于相对静止状态；升降液压缸活塞杆可以缩回带动下部移动插销液压缸回到上止点；(e)升降液压缸活塞杆缩回到上止点，上部固定插销液压缸与下部移动插销液压缸的锁销全伸出插入桩腿销孔中，桩腿与平台处于相对静止状态；准备开始下一个工作循环。

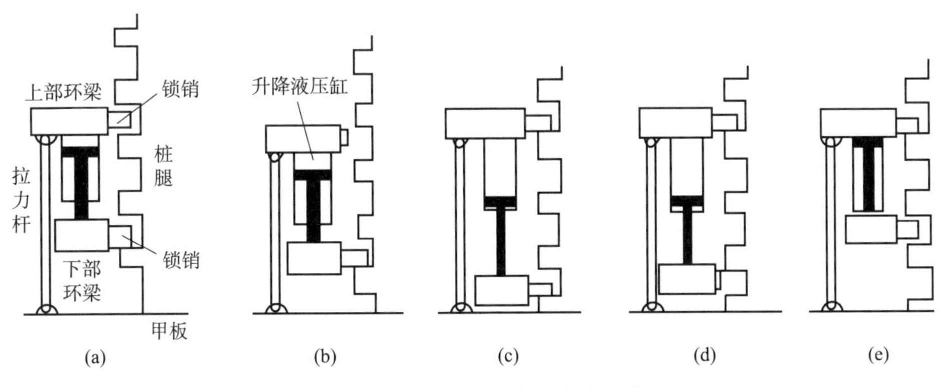

图 2－82 自升式平台桩腿升降示意图

(3)半潜式钻井平台

①半潜式钻井平台功能

半潜式钻井平台(Semisubmersible Platform)是根据坐底式钻井平台发展演化而来的，平台示意如图 2-83 所示，工作原理与坐底式钻井平台相似。在半潜式钻井平台自航或拖航到井位时，先锚泊定位，然后向下船体和立柱内灌水，待平台下沉到一定设计深度呈半潜状态后，就可进行钻井作业准备。钻井时，由于平台在风浪作用下产生升沉、摇摆、漂移等运动，影响钻井作业，因此半潜式钻井平台在钻井作业前需要先下水下器具，并采用升沉补偿装置、减摇设施和动力定位系统等多种措施来保持平台在海面上的位置，方可进行钻井作业。

图 2-83 半潜式钻井平台

半潜式钻井平台主要用于钻勘探井，也可以钻生产井，并且可作生产平台用于油田的早期开发。在钻探出石油之后，即可迅速转入采油，此时半潜式平台可作为浮式生产系统的主体。

②半潜式钻井平台构成

半潜式钻井平台主要由上部平台、下浮体(沉垫浮箱)、立柱、锚泊系统四部分组成。上部平台提供作业场地以及生产和生活设施；立柱连接上层平台和下船体，提供浮力，保证平台的浮性和稳性，立柱间由撑杆结构互相连接；下浮体(深垫浮箱)能提供浮力，内设压载水舱，控制平台的升降；锚泊系统的作用是使钻井装置保持在井位上。普通锚系一般由辐射状的八只锚组成。在用八锚系锚泊定位时，钻井平台要受到侧向风力和波浪力的作用，平台首尾会发生摆动，这样整个锚泊系统就会发生偏扭。为此，在转台的下方设一个可转的环，把锚泊上的索锭末端都系到这个转环上。由于转环与转环之间可发生相对转动，因此在钻井平台因风浪方向发生改变时，它也能随之改变方向，即对转环作转动，而整个锚泊定位系统并不发生偏扭，这种措施被称为中心锚泊定位系统。

半潜式钻井平台的类型繁多，一般按它潜水部分的型式和船体形状来分。

a. 孤立沉垫式钻井平台

每根立柱下部带一个沉垫(桩靴)，其形状可以为圆柱体、椭圆柱体、菱形和船形等。立柱根数为三、四或五根，这些立柱中心在一个圆周线上，相互间隔基本相同，如图 2-84 所示。

b. 连续下船身式钻井平台

半潜式下部潜体由若干个平行的瘦长船身组成，每一船身上连接两根立柱。下船身、立柱的组合体成左右、前后各方对称。经过优化设计，基本定型为两个下船身，每一船身各连二或四根立柱，如图 2-85 所示。

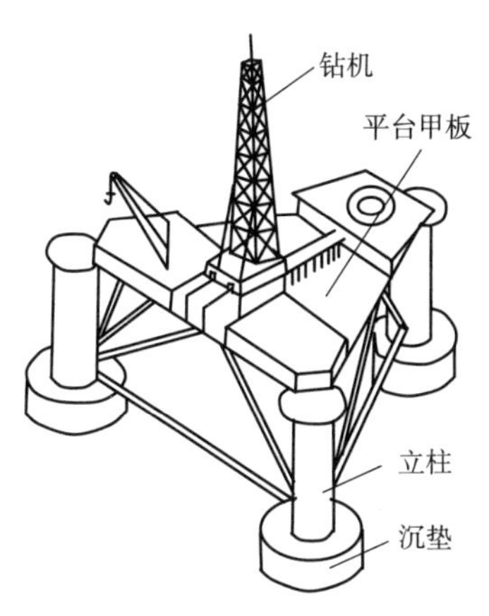

图 2-84 孤立沉垫式钻井平台

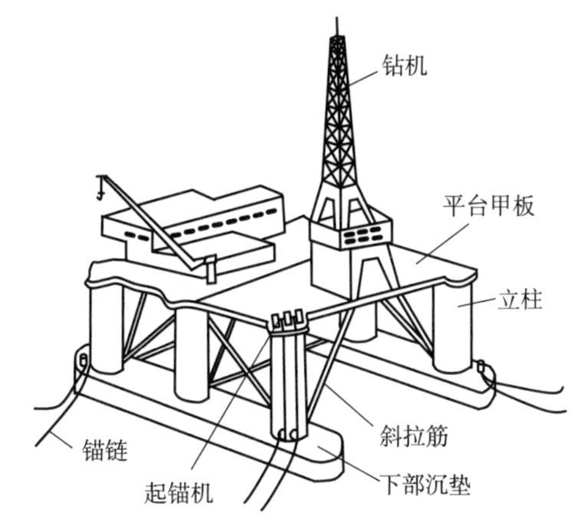

图 2-85 连续下船身式钻井平台

③半潜式钻井平台特点

半潜式钻井平台的主要优点是：工作时吃水深，用锚泊定位稳定性好，能适应恶劣的海况条件；工作水深范围大，用锚泊定位时，工作水深在 200～300m；甲板面积大，有利于钻井作业，移运灵活，移动性能好。

这种平台的缺点是：平台水下器具比较复杂；平台对于负荷敏感，承载能力有限；造价较高(与自升式钻井平台相比)，维修费用贵。

由于半潜式钻井平台既能满足水深多变的要求，又能解决稳定性及移运问题，因此，它比其他平台更有发展前景。尤其从海洋石油开发向更深、海况更恶劣的海区发展来看，建造半潜式平台应是主要的发展方向。我国现有自行设计建造的“勘探三号”“海洋石油981”“中海油服兴旺号”和从国外购进的“南海二号”“南海五号”“南海六号”等半潜式钻井平台正用于海上作业。

(4)浮式钻井船

①浮式钻井船的功能

浮式钻井船(Drilling Ship)，如图 2-86 所示，是利用普通船型的单体船、双体船、三体船或驳船的船体作为钻井工作平台的一种海上移动式钻井装置。钻井作业时，船体呈漂浮状态，适宜于深水区域作业。钻井船可以通过改装的普通轮船或专门设计的船体作为工作平台，其船体可以是一个或两个，前者必须在海底完井，否则船移运时会撞坏井口装置，后者可在海面完井。钻井船按其航行方式可以分为自航和拖航两类。自航者称为钻井船，拖航者称为钻井驳船。钻井船适宜在深水中钻勘探井，也可用于钻生产井和作为浮式生产系统中的主体。

浮式钻井船的工作水深主要取决于钻井船的定位方法，钻井船一般采用锚泊定位，但现在已经开始逐步采用动力定位。用锚泊定位，工作水深在 200～300m；采用动力定位，工作水深可达 6000m。

浮式钻井船到达井位后要定位，定位设备使钻井船保持在一定的位置内。钻井时特别是在风浪作用下，浮式钻井船船身产生上下升沉及前后左右摆动，因此，在钻井船上，应合理布置机械设备，增设升沉补偿装置、减摇设施、自动动力定位设备等来保持船体定位。

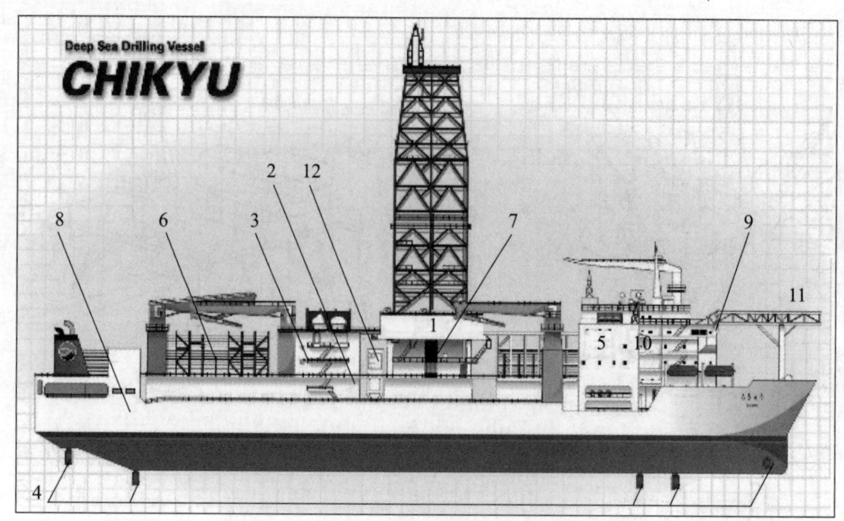

图 2-86 日本世界级钻井船

1—自动钻井设备；2，3—泥浆循环系统；4—动力定位系统；5—研究实验室；6—钻杆；7—张紧器；8—发电机组以及配电室；9—控制室；10—生活区；11—直升机坪；12—防喷器

②浮式钻井船构成

浮式钻井船一般由船体、锚泊系统和自航系统组成。

a. 船体

船体相当于工作平台，用以安装钻井和航行动力设备，为工作人员提供工作和生活场所。船体主要用钢材制成，也有用钢筋混凝土制成的。后者节约金属且耐腐蚀，但要用预应力钢筋混凝土，以保证其强度、抗冲击及抗震能力。

b. 锚泊系统

锚泊系统用于给平台定位，通过锚和锚链来控制平台的水平位置，把它限制在一定的范围内，以满足钻井工作的要求。

c. 自航系统

自航系统是浮式钻井船区别于其他钻井船的特点，其他钻井平台的搬迁要依靠拖轮，而浮式钻井船具有自航能力，所以其运移性能最好。

③浮式钻井船特点

浮式钻井船的优点是机动性好，调速灵活，移运迅速，而且船速较快，停泊较简单，适应水深范围大，特别适应深水作业；水线面积较大，船上可变载荷大，船上装载物资器材的变化对钻井船的吃水影响比较小；存储能力大，海上自持能力强。此外，浮式钻井船还可以利用旧船改造，节省投资和降低成本。

浮式钻井船的缺点是受风浪影响较大，对波浪运动敏感，稳定性差，只适宜在海况比较平稳的海区进行钻井作业，作业海况限制了钻井的作业效率。

总而言之，由于浮式钻井船具有自航能力，机动灵活，能够在深水中钻井，正适应钻井深水化的大格局，因而其仍然是海上移动式钻井装置中不可缺少的重要类型。移动式钻井装置的性能数据见表 2-18。

表 2-18　移动式钻井装置的性能数据表

<table>
<tr><th colspan="3" rowspan="2">性能指标</th><th colspan="2">着底式</th><th colspan="2">漂浮式</th></tr>
<tr><th>坐底式</th><th>自升式</th><th>半潜式</th><th>钻井船</th></tr>
<tr><td colspan="3">用途</td><td>勘探、开采</td><td>勘探、开采、修井</td><td>勘探、开采、修井</td><td>勘探、开采</td></tr>
<tr><td colspan="3">工作水深/m</td><td>5～30</td><td>10～100</td><td>30～3000</td><td>30～6000</td></tr>
<tr><td colspan="3">钻井能力/m</td><td>1500 以上</td><td>1500 以上</td><td>1500 以上</td><td>1500 以上</td></tr>
<tr><td colspan="3">海底土质的限制条件</td><td>①黏土、沙质黏土；②海底坡度较小</td><td>根据海底土质状况改变接地部分形式</td><td>适用于各种海底，如用锚泊定位，应注意锚的抓力</td><td>适用于各种海底，如用锚泊定位，应注意锚的抓力</td></tr>
<tr><td rowspan="6">海底限制条件</td><td rowspan="3">正常</td><td>风速/(m/s)</td><td>20</td><td>20</td><td>20</td><td>10</td></tr>
<tr><td>潮流/kn</td><td>4</td><td>4</td><td>4</td><td>3</td></tr>
<tr><td>波高/m</td><td>约 7</td><td>约 7</td><td>约 7</td><td>约 3</td></tr>
<tr><td rowspan="3">极限</td><td>风速/(m/s)</td><td>60</td><td>60</td><td>60</td><td>60</td></tr>
<tr><td>潮流/kn</td><td>4</td><td>4</td><td>4</td><td>4</td></tr>
<tr><td>波高/m</td><td>约 10</td><td>约 15</td><td>15 以上</td><td>约 10</td></tr>
<tr><td colspan="2" rowspan="2">风浪中运动的情况</td><td>接地时</td><td>运动小，无问题</td><td>运动小，无问题</td><td>运动小，无问题</td><td>—</td></tr>
<tr><td>漂浮时</td><td>相当大</td><td>相当大</td><td>小</td><td>小</td></tr>
<tr><td colspan="2" rowspan="2">移动性能</td><td>拖航阻力</td><td>相当大</td><td>相当大</td><td>相当大</td><td>小</td></tr>
<tr><td>波浪中强度</td><td>易出问题</td><td>大腿振动</td><td>若增加吃水无问题</td><td>强度无问题</td></tr>
<tr><td colspan="3">船体定位方法</td><td>锚泊、压载舱</td><td>桩腿、压载沉垫</td><td>动力定位、锚泊、压载舱</td><td>动力定位、锚泊</td></tr>
<tr><td colspan="3">储藏能力/t</td><td>约 3000</td><td>800～1500</td><td>4000 以上</td><td>2000 以上</td></tr>
<tr><td colspan="3">备注</td><td>—</td><td>—</td><td>—</td><td>动力定位已可钻井 5000m，进行取芯</td></tr>
</table>

2.7　石油机械典型液压传动系统

(1)钻机液压伺服恒功率控制系统

液压伺服恒功率控制系统广泛应用于各行各业，其特点是可以控制工作机构始终在恒功率状态下工作。这对提高时效、提高工作效率及提高设备的寿命都大有益处。

本节介绍的液压伺服恒功率控制系统是应用在液压钻机上的工作机驱动系统。石油钻井依靠钻头产生的力矩 M 及钻头的转速 n，进行钻进，在钻进过程中外负荷经常是变化的，当钻头碰到硬地层或钻压加大时，钻头上的负载增大，即转矩增大，此时，要求转速能自动下降，当碰到软地层或钻压减小时，钻头上的转矩减小，此时要求钻头的转速能自动升高，使其钻头上消耗的功率为恒定值，这就是恒功率钻进。这样才能保证带动旋转系统的发动机功率利用率最高，钻头进尺速度最快。如果该系统用于驱动起升绞车，则在整个起钻过程中可以使绞车起升速度随着所起钻具重量的减轻而自动升高，保证起升过程恒功率，以减少起升时间，提高设备功率利用率和工作效率。而在机械控制的钻机上是很难达到这一要求的。本节所介绍的恒功率控制系统是以液压伺服调排量装置为核心达到恒功率控制目的的，因而称为液压伺服恒功率控制系统。

①液压伺服恒功率控制系统的组成及工作原理

图 2-87 为钻机液压伺服恒功率控制系统图。其工作原理如下：

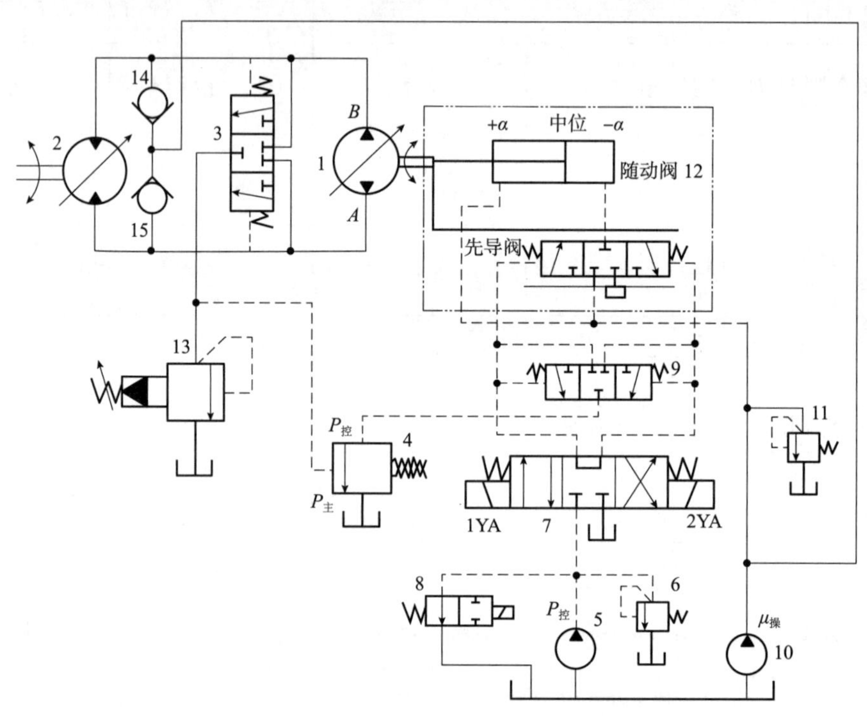

图 2-87　钻机液压伺服恒功率控制系统

1—双向变量主液压泵；2—双向变量马达；3，9—梭阀；4—恒功率控制阀；5—控制液压泵；6，11，13—溢流阀；7—三位四通电磁换向阀；8—二位二通卸荷阀；10—操纵液压泵(补油液压泵)；12—液压伺服变量机构；14，15—单向阀

a. 启动主液压泵 1，操纵液压泵 10，控制液压泵 5，三位四通电磁换向阀 7 不通电，此时电磁阀位于中位，先导阀随之位于中位，主液压泵空运转，无排量，马达及执行机构不转。

b. 将 2YA 通电，三位四通电磁换向阀右位进入系统。先导阀芯、随动阀芯向左移动，设 α 摆角为 $+\alpha$，主液压泵供油方向由 $A \rightarrow B$，马达为正转。若将 1YA 通电，2YA 断电，三位四通电磁换向阀左位进入系统，先导阀芯、随动阀芯将向右移动，此时对应的摆角 α 为 $-\alpha$，主液压泵供油方向由 $B \rightarrow A$，马达反转。

综上所述，1YA、2YA 只决定执行机构的转向。执行机构转速大小(即泵每转排量的大小)则要根据执行机构上的扭矩大小而定。

c. 当执行机构上的力矩 M 增加时，主油路压力 $P_{主}$ 增加。由于恒功率阀的作用，主油路压力 $P_{主}$ 上升时，控制油路压力 $P_{控}$ 下降。相应产生先导阀的位移 s 减小，随动阀跟随移动相同的位移 s 获得相应较小的斜盘倾角 α 和较小的泵排量 q，从而产生较小的马达转速 n。当执行机构上的力矩 M 减小时，$P_{主}$ 减小。由于恒功率阀的作用，$P_{主}$ 减小时，$P_{控}$ 上升。相应产生的先导阀的位移 s 增大，随动阀跟随移动相同的位移 s 获得相应较大的斜盘倾角 α 和较大的泵排量 q，从而产生较大的马达转速 n。

d. 根据 b、c 的传递关系，可实现钻井过程中马达的恒功率控制。

力矩与转速的变化过程为：

若 $M\uparrow$ 则有 $P_{主}\uparrow P_{控}\downarrow \rightarrow s\downarrow \rightarrow \alpha\downarrow \rightarrow q\downarrow \rightarrow n\downarrow$，从而得 $M\uparrow$，则 $n\downarrow$；

若 $M\downarrow$ 则有 $P_{主}\downarrow P_{控}\uparrow \rightarrow s\uparrow \rightarrow \alpha\uparrow \rightarrow q\uparrow \rightarrow n\uparrow$，从而得 $M\downarrow$，则 $n\uparrow$。

由此可得：$N=M\downarrow \cdot n\uparrow = M\uparrow \cdot n\downarrow = C$，$C$ 代表常数即恒定功率。

②液压伺服恒功率控制系统性能分析

液压伺服恒功率控制系统主要性能特点如下：

a. 主系统是高压系统，由双向变量主液压泵 1 和双向变量马达 2 组成闭式调速回路，实现执行机构的双向运动及速度调节，调节范围大，系统效率高。

b. 控制系统由低压定量控制液压泵 5 供油，恒功率控制阀 4 的主油口通过梭阀 3 与主系统的压力油路连通，同时恒功率控制阀 4 的控制油口通过梭阀 9 与控制液压泵 5 压力油路连通，通过自动调节溢流口控制先导阀阀芯位移的大小，从而控制随动阀阀芯的位移大小和双向变量主液压泵 1 每转排量的大小；由于将执行元件工作腔的压力通过恒功率阀反馈到主液压泵的变量控制机构中，提高了控制系统的灵敏度、精度、抗震稳定性和工作稳定性。通过恒功率自适应控制系统使液压马达实现了转速随扭矩的变化而自动调节，也提高了执行元件的功率利用率和工作时效。

c. 三位四通电磁换向阀 7 及梭阀 9 控制先导阀阀芯位移的方向，从而控制随动阀阀芯的位移方向和双向液压泵的排油方向，实现了双向变量液压马达的换向。

d. 操纵系统由低压定量补油液压泵 10 供油，其作用是操纵随动阀跟踪先导阀芯，拨动双向变量主液压泵 1 的斜盘，改变轴向柱塞泵的冲程。通过单向阀 14、15 补油回路，操纵液压泵 10 还可以为闭式回路补油。

另外，该恒功率伺服控制系统所采用的元件，结构简单，易于制造，造价低，操作及维护方便。通过液压伺服自适应控制使液压马达变速过程大大简化，实现了自动化控制，值得在工作负荷经常变化且需要恒功率控制的液压机床或其他液压机械中推广应用。

(2)Baker 修井机液压起升系统

目前，在油田修井工作中，特别是对有一定自喷能力油井的修井工作中，压井和油井的诱喷工作需要消耗大量的时间和资金。而且，由于钻井液堵塞或形成稳固的水油乳化液，压井工作经常使油井产量降低。为了降低修井成本和提高油井产量，最有效的措施是采用不压井修井方法。

进行不压井修井作业时，因井内高压对工作管柱始终有向上的作用力，所以在下放管柱时，一开始必须对管柱施加向下的压力。随着强行下井的管柱逐渐增多，管柱重量逐渐加大，抵消了井底压力产生的部分向上的作用力，对管柱施加的下压力也随之减小。当管柱的重量超过井内压力对管子的作用力时，必须对管柱施加提吊力。起管柱时正好和上述的过程相反。所以，不压井修井设备应具备一套特殊的密封装置和起下装置，后者既可对管柱施加提吊力，又可对管柱施加向下压力，即根据起下过程各个阶段中管柱重量与井内压力两者的对比情况，对起下管柱采用不同的操作方法来进行作业。因此，采用通常所用的钢丝绳起下的操作系统是不能胜任这项工作的，而采用液压系统进行起下操作能够很好地满足修井工艺要求。

图 2－88 所示为 Baker 修井机液压起升系统，完成上述功能的元件及其工作原理如下：

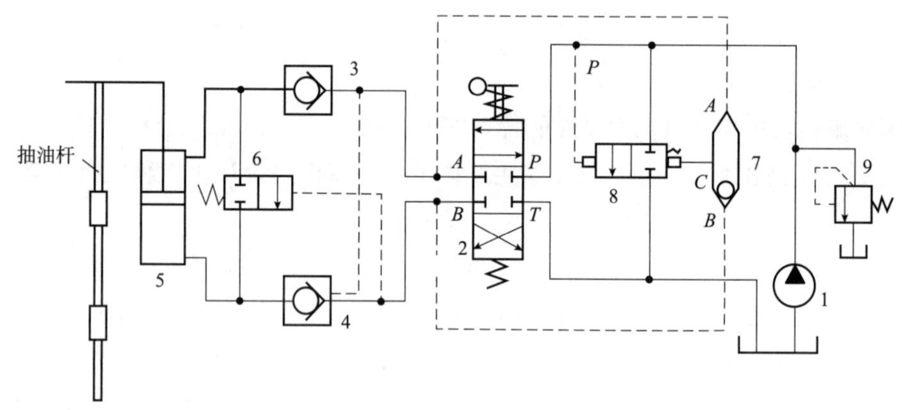

图 2－88 Baker 修井机液压起升系统

1—液压泵；2—三位四通 O 型手动换向阀；3—单向阀；4—液控单向阀；5—液压缸；6—二位二通单液控换向阀；7—梭阀；8—二位二通双液控换向阀；9—安全阀

a. 液压缸的起、下、停、锁，由操纵三位四通换向阀 2 来实现。

启动液压泵，当操纵换向阀 2 上位进入系统时，液压泵 1 来的压力油经换向阀 2、单向阀 3 进入液压缸 5 上腔，此时液压缸回油路不通，导致泵压上升，在压力油路来的控制油的作用下，打开液控单向阀 4，使液压缸 5 的回油路畅通，实现油管柱下放。当操纵换向阀 2 的下位进入系统时，泵来的压力油经液控单向阀 4 进入液压缸 5 下腔，此时液压缸的回油路不通，泵压上升，使二位二通单液控换向阀 6 的控制油路压力上升，导致阀 6 的右位进入系统，液压缸实现差动。此时，液压缸上腔的油经阀 6 进入液压缸 5 的下腔，使液压缸实现快速上升。当操纵换向阀 2 的中位进入系统时，靠阀 2 中位的 O 型换向阀芯的机能，使油管柱悬持不动。此时，单向阀 3、液控单向阀 4 的球阀在弹簧作用下关闭，液压缸 5 的进出油路都不通，油管柱被牢固锁定在某一位置。

b. 采用差动回路，实现油管柱下行慢、上行快。

按照图 2-88 中单杆双作用液压缸的安装方式，活塞杆朝上，由于液压缸下腔活塞的有效作用面积大，上腔活塞的有效作用面积小，若给以同量供油，则油管柱上行慢，下行快，这同工艺上所要求的上起快、下放慢正好相反，不能满足工艺要求。因此，在系统中采用差动回路可实现工艺要求。

采用差动回路，将液压缸上腔的回油引入液压缸下腔，提高液压缸下腔的供油量，大大提高了活塞杆上行速度。本系统是通过二位二通单液控换向阀 6 来实现液压缸 5 的差动的。当阀 2 下位进入系统时，泵来的油经阀 4 进入液压缸下腔，上腔回油路不通，阀 6 的控制油路油压升高，使阀 6 的右位进入系统工作，液压缸 5 上腔的油被阀 6 导入液压缸的下腔，实现差动回路，满足了工况要求。

c. 无级调速。在图 2-88 中，由换向阀 2、二位二通双液控换向阀 8 和梭阀 7 组成调速回路。

用手动换向阀 2 控制阀口过流断面的大小，使阀 2 前后压差(即 P、C 两点压差)发生变化，从而控制二位二通双液控换向阀 8 的开度，阀 8 开度的不同，决定了经阀 8 溢流回油箱的溢流量 ΔQ 的大小，因此就控制了泵供给液压缸的工作油流量的大小，实现了液压缸的速度调节。

当操作人员将阀 2 全开(设阀 2 的上位进入系统)时，P、B 油路的过流断面积为最大，P、B 两点的压差最小，这两点压差分别反馈到阀 8 的两端。由于 P、B 压差最小，不足以克服弹簧力，阀 8 不打开，处于不通状态，溢流量为零，此时液压缸将全速运行。

当操作人员将阀 2 关小时，P、B 的过流断面积减小，P、B 两点的压差增大，这两点压差分别反馈到阀 8 的两端。由于 P、B 压差增大，相应压缩弹簧，阀 8 开大溢流，此时液压缸的牵引速度变小。

阀 2 开口的大小决定了液压缸的供油量和阀 8 的溢流量，即决定了液压缸的牵引速度。

d. 自动卸荷功能。当阀 2 完全关闭时，液压缸被停止在某位置，液压泵排出的压力油只克服阀 8 弹簧的微弱力，阀 8 全开溢流，液压泵完全卸荷，实现自动卸荷功能。

e. 系统的安全由安全阀 9 保证。当系统压力没有超过安全压力时，安全阀 9 不打开，超过安全压力时，安全阀 9 打开降压，保护系统安全。

由上述分析可知，液压缸的起、下、停及速度调节，均由操作人员控制阀 2 实现。

(3)钻机盘式刹车液压控制系统

由于石油钻机传统带刹车的结构特性决定了其存在刹车力矩不足、操作费力、可靠性差、停工维修次数多、耗时长、刹车发热严重、易损件寿命短等缺点，很难适应目前深井、超深井钻井工艺的要求。因此，盘式刹车的卓越性能和使用盘式刹车可能带来的经济及社会效益已经引起国内外石油行业的重视。实践证明，盘式刹车具有刹车力矩容量大，制动效能稳定，耐衰退性能好，制动灵敏，操作省力，更换维修方便，便于专业化、系列化生产等优点，是一种理想的刹车系统，因此盘式刹车必将逐步取代带式刹车。

钻机盘式刹车液压控制系统工作原理如图 2－89 所示。液压控制系统的动力，是用两套规格相同的液压泵分别作为主液压泵 2 和备用液压泵 2′，主液压泵由电动机驱动，备用液压泵由气马达 6 带动。当停电或主液压泵出现故障时，按下按钮阀 7，备用液压泵 2′就可代替主液压泵 2 短时间向系统供油，不影响钻井作业。

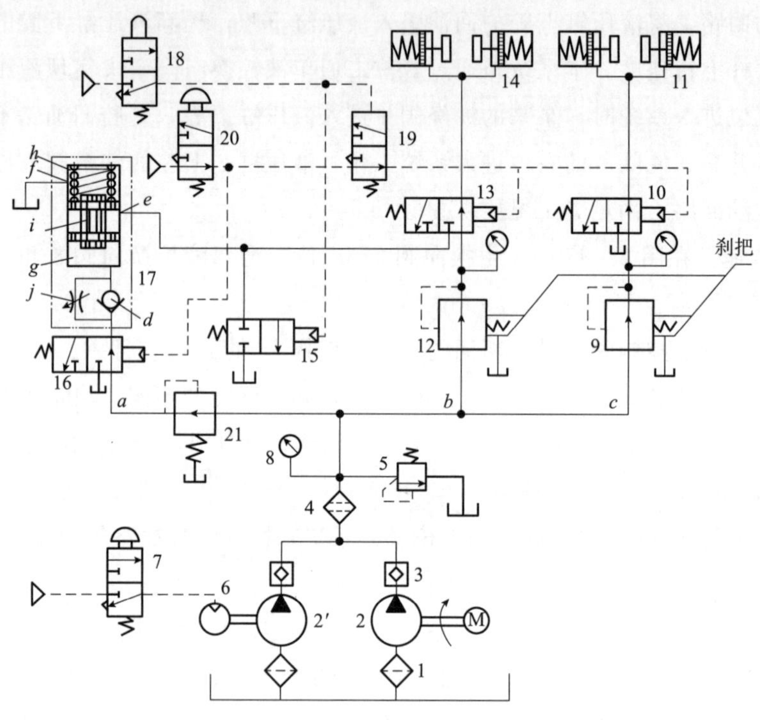

图 2－89　钻机盘式刹车液压控制系统工作原理图

1—粗滤油器；2，2′—液压泵；3—单向阀；4—精滤油器；5—安全阀；6 —气马达；7，20—二位三通按钮阀(气阀)；8—压力表；9，12—减压刹车阀；10，13，16—二位三通气动换向阀；11，14—刹车钳液压缸组；15—二位二通气动换向阀；17—延时阀；18—二位三通顶杆阀(气阀)；19—二位三通气动换向阀(气阀)；21—减压阀

a. 正常工作。正常工作时顶杆阀 18 与按钮阀 20 被松开，均处于下位工作，气控二位三通气动换向阀 10、13 的阀芯在压缩空气作用下处于右位工作。液压油经吸油管由液压泵 2 经单向阀 3，精滤油器 4 由油路 b、c 分别进入两个叠加式减压刹车阀 9 和 12，再经气动换向阀 10 和 13 的右位到达刹车钳液压缸组 11、14 的有杆腔，推动活塞克服弹簧力松闸。

刹车钳制动的基本原理是靠液压松刹，弹簧力制动。当刹把处于零位时，叠加式减压刹车阀出口压力最大，此时盘式刹车松刹，绞车处于工作状态。当需要刹车时，司钻仅需下压刹把，使叠加式减压刹车阀 9、12 出口压力降低，刹车弹簧以一定的压力进行刹车，便可达到刹车的目的。司钻可凭手感和压力表及指重表控制刹车力矩的大小。

b. 安全刹车。安全刹车部分在紧急情况或正常刹车失灵时使用。安全制动时为避免产生过大冲击载荷，特设计了一个延时缓冲系统。这时，按下按钮阀 20，使气动换向阀 10、13 和 16 撤去控制气，左位进入系统工作，此时，刹车钳液压缸组 11 内的压力油迅速经阀 10 左位全部回油，以实现安全制动。而刹车钳液压缸组 14 内的压力油经换向阀 13 进入延时阀 17 中，暂时还不能回油。此时，延时阀中活塞 i 在 h 腔中弹簧力的作用下向下运动，使 g 腔中的油液经节流阀 j、换向阀 16 左位缓慢回油箱，回油的速度由节流阀 j 的开度决定。当活塞运动到一定位置，使 e、f 油口相通时，刹车钳液压缸组 14 内的压力油才能经阀 13 左位、延时阀 17 回油，这时，刹车钳液压缸组 14 也进入制动状态，实现二级制动。当松开按钮阀 20 的按钮时，阀 16 右位工作，压力油经阀 17 中的单向阀 d 进入延时阀的 g 腔，推动活塞压缩弹簧向上运动，直至将油口 e 与油口 f 隔开。

c. 紧急刹车。另外钻机盘式刹车液压控制系统还设置了防碰天车气控刹车回路，当游动滑车上行超高时，防碰天车装置压下顶杆阀 18 使其上位接入系统工作，使气动换向阀 15 右位工作、气动换向阀 19 上位工作，这时气动换向阀 10、13 撤去控制气，换至左位工作。刹车钳液压缸组 11 内的压力油迅速经阀 10 左位全部回油，而刹车钳液压缸组 14 内的压力油经换向阀 13 左位、气动换向阀 15 右位迅速流回油箱，这种情况下，刹车钳液压缸组 11、14 不执行二级制动，实现紧急刹车，以达到防止碰撞天车的目的。

第3章
石油钻修井机械装备实验

3.1 钻修井系统设计原理分析实验

(1)实验目的

①了解钻修井基本结构和工作原理；

②掌握钻修井模拟装置主体结构；

③掌握液压钳的工作原理。

(2)实验要求

①观察并掌握钻修井模拟装置工作原理及结构；

②测绘钻修井主体结构及部件。

(3)实验仪器

①钻修井实验台；

②卡尺、卷尺。

(4)实验原理

①基本概念

修井是指为恢复井的正常生产或提高井的生产能力，对它所进行解除故障的作业和实施措施，亦称为井下作业。

修井的目的就是要保证油水(气)井的正常工作，完成各种井下作业，提高井的利用率和生产效率，以最大限度增加井的产量。

修井的任务：维护、修理、油层改造三大任务。

井下作业主要施工方式

a. 起下作业：利用井架和修井机通过提升系统将井内管柱或杆柱进行起下施工；

b. 循环冲洗：利用泵进行洗井、冲砂、压井或压裂、酸化、封堵等施工；

c. 旋转钻进：利用转盘和钻柱及井下工具进行套、磨铣、侧钻、钻水泥塞、造扣和倒扣等施工。

②井下作业设备

提升设备，就是在油井维修中起到动力传递、悬吊和起下作业施工所用的设备，它是井下作业中最基本的条件和最主要的设备，主要包括：作业机、井架、天车、游动滑车、大钩、钢丝绳、吊环等。

井架及液压钳见图 3-1 和图 3-2。

图 3-1 井架

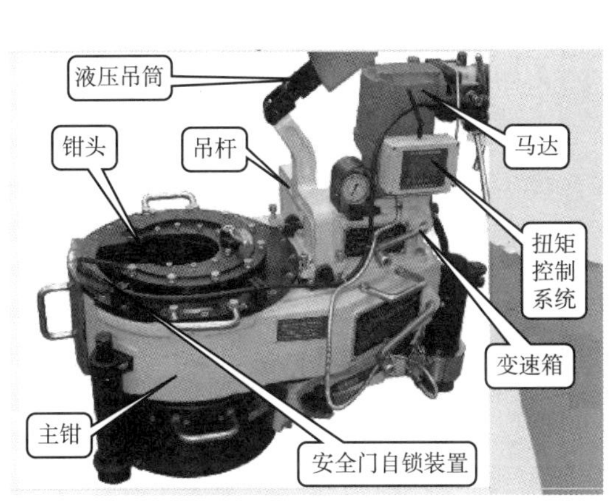

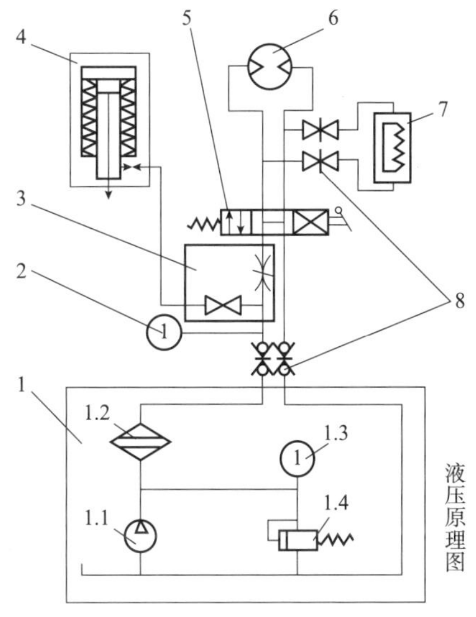

图 3-2 液压钳

(5)实验内容及步骤

①教师讲解钻修井模拟装置工作原理及其各部分组成。

②分析液压钳的工作原理。

③了解液压钳的结构。

④测绘吊卡。

⑤实验结束，清理卫生。

(6)实验报告要求

了解钻修井机的整体结构和工作过程，绘制液压钳工作原理图，测绘吊卡并制图。

班级：　　　　学号：　　　　姓名：

1. 吊卡测绘图(要求画出整体结构图和局部表达图)　　　　成绩

2. 绘制液压钳的液压原理图(参考液压符号如下)

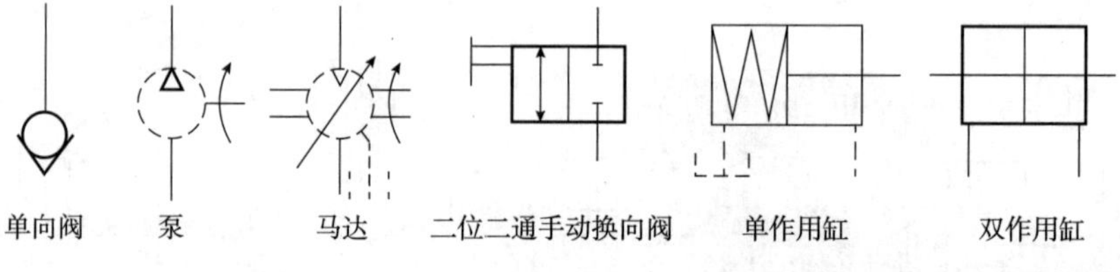

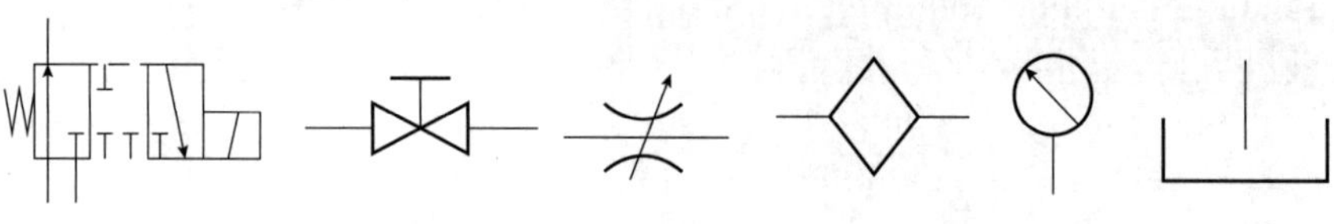

3.2　钻修井起升系统模拟控制实验

(1)实验目的

①了解钻修井起升系统基本结构和工作原理；

②掌握天车游车的工作原理。

(2)实验要求

①观察并掌握钻修井模拟装置起升系统工作原理及结构；

②计算游绳的起升速度。

(3)实验仪器

①钻修井实验台；

②卷尺；

③高度尺；

④秒表。

(4)实验原理

①游动系统组成

天车主要由天车架、滑轮组和辅助滑轮组成。

a. 天车架，又称天车底座。它是由两根横工字梁及三根纵工字梁焊接成的方形框架结构，两横梁座在井架天车梁上，用四个U形卡子固定，三根纵梁中部用钢板加固。

b. 滑轮组。每组滑轮包括一根轴和三个滑轮，轴用轴承座固定在焊接天车底座上。每组滑轮一端顶在天车轴的台肩上，另一端用螺母紧固在天车轴上，为防止螺母松动，用止动垫圈止动。为防止天车轴转动，则用稳钉止动。

滑轮与滑轮之间有间隔环，每个滑轮内有两个短圆柱轴承支撑，两轴承的内外套之间装有注油隔环和弹簧圈顶紧定位。滑轮轴承采用单独润滑，从两轴端油嘴进来的润滑油经注油隔环的槽孔进入轴承内。为防止黄油漏失和脏物进入轴承，每个滑轮轴承两边都装有防尘盖。为保护滑轮和防止钢丝绳跳槽，每组滑轮都装有护罩。

c. 辅助滑轮。负荷3t，它是由夹持器、吊架、吊环、轴销、高悬猫头绳轮、绳轮等组成。绳轮轴用滚动轴承或铜套支承。

游动滑车主要由横梁、左右侧板组、滑轮、滑轮轴、销座(钢板)、下提环(吊环)、护罩组成。

为使两侧板夹紧游车轴，两侧板内的上部和中部有调节垫片和调节垫圈。为防止轴转动，用键将轴固定在侧板上。轴两端用螺母固紧以防止轴左右移动，而螺母又用螺钉止动。为防止钢丝绳脱出和加强侧板，在滑轮上部用活动护罩罩住，罩上有通过钢丝绳的槽孔。滑轮下部有护板罩住，护板又用销子固定在钢板上面，四块钢板焊接在两侧板上。悬挂大钩的吊环是用两个销子穿挂在四块钢板上面的。

②游动系统运动分析

游动系统运动示意图如图3-3所示，其中：v——大钩速度；v_0，v_1，v_2…v_z，

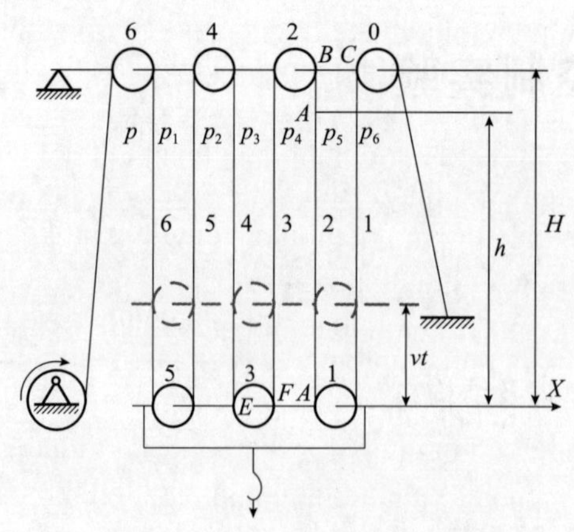

图 3-3 游动系统运动示意图

v_k——各钢绳的速度。分析各钢丝绳的速度。

a. $v_0=v_1=0$

b. 求 v_2：(思路：在绳 2 上找到一点，求出时间 t 内这点走过的距离，就可以求出这点也就是所在绳的速度)设游车最低位置为黑色圆所示，此时钢丝绳与轮 1 相切点为 A，经过时间 t 后，游车上升到虚线圆所示位置，求此时 A 点的位置，相关参数及坐标如图 3-3 所示。A 点起始位置与轮 1 相切，不管走到任何位置，A 与 C 点的绳长是不变的。起始位置时，A 与 C 点之间绳长为 $AC=H+\frac{\pi D}{2}$，经过时间 t 后，设 A 的位置为 h，则 A 点与 C 点之间的绳长为 $AC=h-vt+\frac{\pi D}{2}+H-vt$，因为两个时刻 A 与 C 间的绳长一定是相等的，所以有 $h-vt+\frac{\pi D}{2}+H-vt=H+\frac{\pi D}{2}$，则 $h=2vt$，$v_2=\frac{h}{t}=2v$，而 $v_3=v_2=2v$。依此类推，$v_4=4v$。

总结推导结果：

$$\begin{cases} v_1=v_0=0 \\ v_2=2v \\ v_3=v_2 \\ v_4=4v \\ \cdots\cdots \\ v_z=v_{快}=zv \end{cases} \quad 即 \quad v_i=\begin{cases}(i-1)v & (当\ i\ 为奇数时) \\ iv & (当\ i\ 为偶数时)\end{cases}$$

(5)实验内容及步骤

①教师讲解钻修井模拟装置起升系统工作原理及其各部分组成；

②学生 3～4 人一小组进行合作分工；

③分析游车、天车的组成结构；

④测量游车下行的运动时间和距离并记录数据；

⑤测量游车上行的运动时间和距离并记录数据；

⑥反复测量，根据公式计算游绳速度；

⑦实验结束，清理卫生。

(6)实验报告要求

分析起升系统的工作过程，绘制钻修井模拟装置游车天车结构图，记录实验数据并计算减速器传动比，对其进行合理传动比分配。

班级： 学号： 姓名：

1. 实验数据记录

成绩

大钩上升					
组数	起始位置	停止位置	时间/s	距离/mm	速度/(m/s)
1					
2					
3					
4					
5					
6					
7					
8					

大钩下降					
组数	起始位置	停止位置	时间/s	距离/mm	速度/(m/s)
1					
2					
3					
4					
5					
6					
7					
8					

2. 实验数据处理计算过程及结果

3.3 水力循环系统设计实验

(1)实验目的

①了解水力模拟系统组成和工作原理；

②了解柱塞泵的组成；

③掌握水力循环系统的运行原理及高低压管路系统。

(2)实验要求

①观察并掌握水力循环系统的组成；

②能够绘制水力循环系统运行原理图。

(3)实验仪器

①水力循环实验系统；

②卷尺。

(4)实验原理

水力循环系统组成及工作过程如图 3-4 所示，主要用于实验室模拟井实验需要。模拟井组包括抽油机井、电潜泵井、修井机井和井控井等。

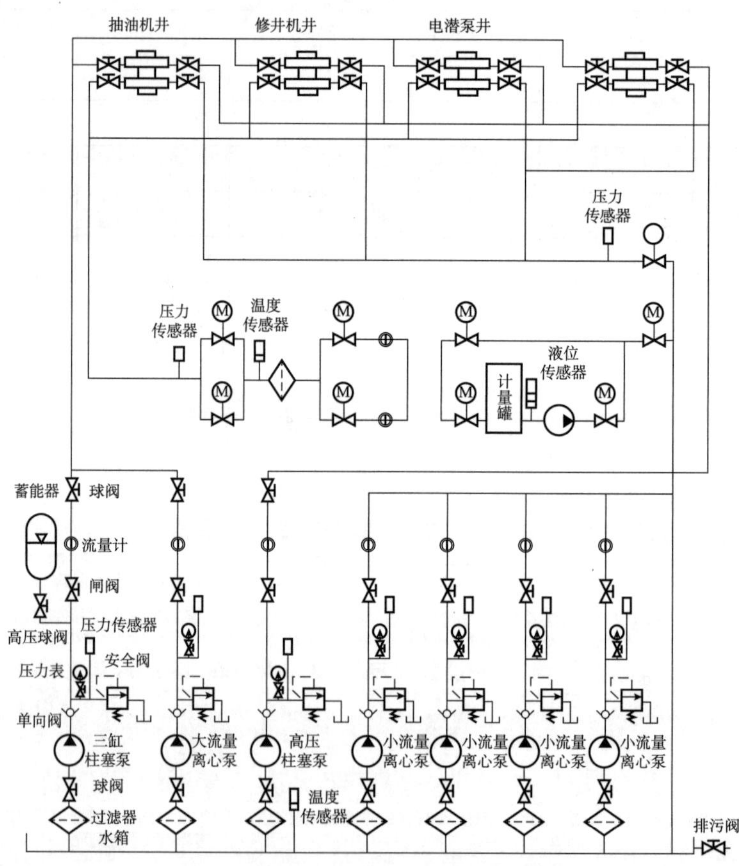

图 3-4　水力循环系统组成及工作过程

抽油机井用来模拟整个采油过程，将不同压力的水注入井内，可以模拟不同井深的压力，从而完成多种油层供液情况的抽油机工况模拟实验过程。抽油机井能模拟从低压到高压 16MPa 的抽油过程。抽油机井模拟抽油过程时，首先打开套管阀，根据实验要求，选择合适的泵向井底注水，水面至少要没过固定阀，形成足够高的沉没度，产生的沉没压力在抽油泵上冲程时能打开固定阀，打开出水阀，保证整个回水管路畅通，启动抽油机，完成抽油过程。在整个过程中，套管阀一直处于打开状态，不停地向套管注水，最终抽出的压力水经过多次降压，变为低压水，沿回水管线流回水箱。抽油泵工作过程中，套管测试阀和油压阀打开，便于测量套管和油管压力。

电潜泵井用来模拟电潜泵的采油过程，电潜泵排量一般比较大，采用大流量离心泵向套管注水，满足抽水时的水量需求。各种接口阀门的连接情况和抽油机井口情况类似。电潜泵井口多了一个排气阀，用来排掉套管中的气体，以免影响抽油效率。

修井机井能完成起下作业，如对发生故障或损坏的油管、抽油杆、抽油泵等井下采油设备和工具的提出，修理更换，再下入井内，并且能够完成井下实验如封隔器实验等。修井机井口与采油井井口装置不同，大四通上连接的闸板防喷器，用来防止起下管柱时发生井喷。闸板防喷器的壳体上有侧孔，在侧孔上连接高压管线，可用来向井里注高压水，模拟井里环境。

管路系统主要由高压系统和低压系统两部分组成，高压管路系统由过滤器、球阀、三缸柱塞泵、高压球阀、安全阀、高压水卸荷阀、蓄能器、电磁流量计、压力表等组成。过滤器用来清除水中的杂质，保护球阀；球阀用于泵的吸水管处，用来连通水箱和柱塞泵，属于低压；高压柱塞泵为模拟井提供高压，模拟井中的最高压力为 16MPa，选用的柱塞泵额定压力应大于 16MPa；安全阀防止泵的压力过高，对其进行卸荷；通过调节高压球阀的开口，实现管路中流量的调节；高压水卸荷阀用来释放工作后管路中的压力，使系统处于无压状态；蓄能器用来吸收脉冲，稳定系统，也能吸收冲击，保护回路；电磁流量计用来显示管路中的液体流量，方便实验人员调节管路流量；压力表用来观察柱塞泵的压力。参考图 3 - 5。

当系统所需流量很小，且蓄能器压力能满足系统压力时，可以用蓄能器单独工作，操作过程与柱塞泵单独工作时类似；蓄能器也可以和柱塞泵同时工作，此时蓄能器的主要作用就是为了保压，保持系统的稳定。

低压管路系统由过滤器、球阀、离心泵、电磁流量计、安全阀、压力传感器和压力表等组成。在低压管路系统中选用两个不同排量和扬程的离心泵作为动力源，是为满足系统中不同工况所需流量和压力，所以两个离心泵可以单独供液，也可以并联一起供液以增大系统流量。参考图 3 - 6。

(5)实验内容及步骤

①讲解水力循环系统的作用；

②讲解高压管路系统；

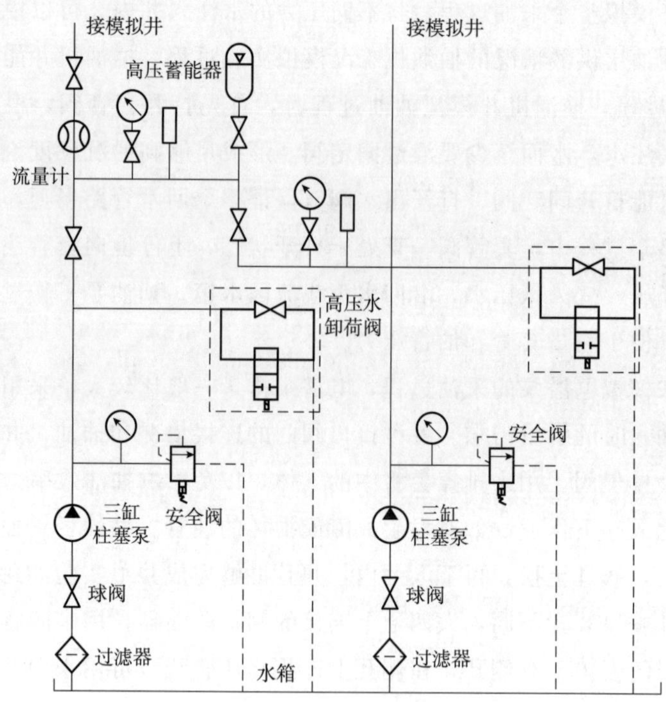

图 3-5　高压管路系统

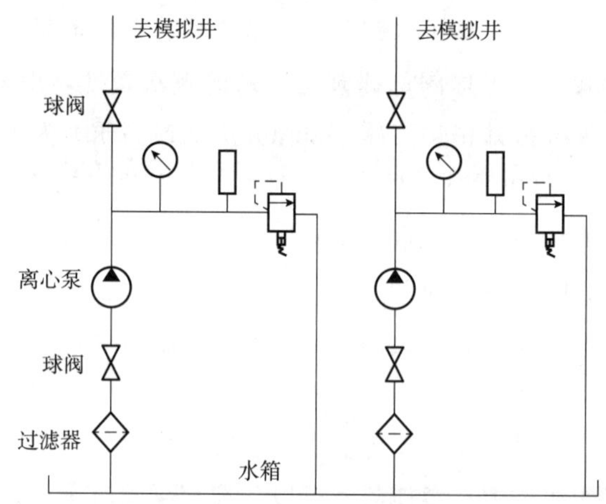

图 3-6　低压管路系统

③讲解低压管路系统；

④根据实验室实际管线安排绘制系统原理图；

⑤实验结束，清理卫生。

(6)实验报告要求

了解水力循环系统作用，根据实际情况绘制水力循环系统高、低压管路系统原理图。

班级：　　　　　　　　学号：　　　　　　　　姓名：

成绩

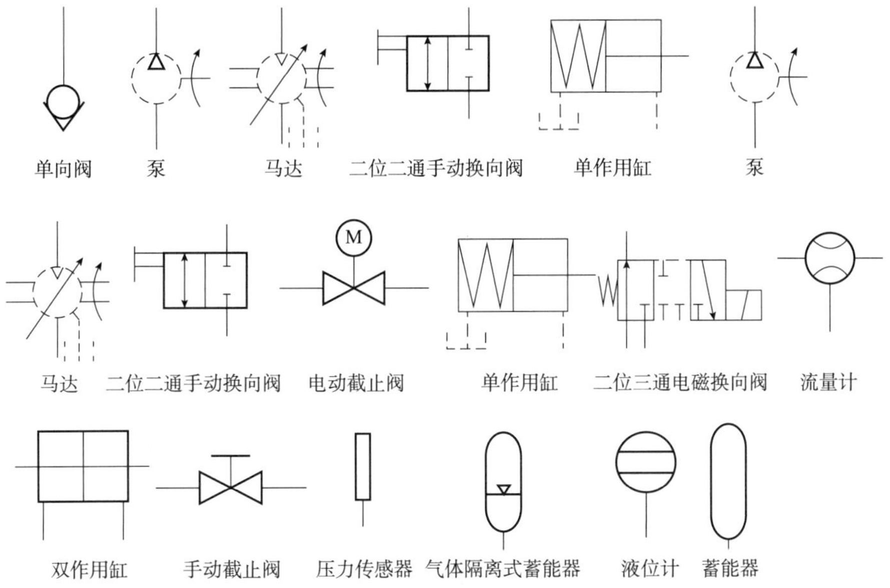

单向阀　泵　马达　二位二通手动换向阀　单作用缸　泵

马达　二位二通手动换向阀　电动截止阀　单作用缸　二位三通电磁换向阀　流量计

M

双作用缸　手动截止阀　压力传感器　气体隔离式蓄能器　液位计　蓄能器

1. 低压系统原理图

2. 高压系统原理图

第 4 章 采油机械装备实验

4.1 抽油机-抽油泵装置结构原理分析实验

(1)实验目的

①了解和掌握抽油机的工作原理；

②了解游梁式抽油机的结构组成；

③了解抽油泵的工作原理；

④掌握抽油机部件在工作中的受力情况。

(2)实验要求

①认真听取实验指导老师的讲解，了解抽油机工作原理及装置组成；

②测绘并绘制出游梁式抽油机的装配图；

③对游梁式抽油机的重要部件进行力学分析。

(3)实验原理

常规型游梁式抽油机结构简图如图 4－1 所示，由底座、支架、悬绳器、驴头、游梁、横梁轴承座、横梁、连杆、曲柄销装置、曲柄装置、减速器、刹车保险装置、刹车装置、电动机、配电箱组成。抽油机工作时，电动机转速通过三角皮带带动减速箱减速后，由四连杆机构(曲柄、连杆、横梁、游梁)把减速箱输出轴的旋转运动变为游梁驴头的往复运动。用驴头带动抽油杆做上下往复的直线运动。通过抽油杆再将这个运动传给井下抽油泵的柱塞。在抽油泵泵筒的下部装有固定阀(吸入阀)，而在柱塞上装有游动阀(排出阀)，当抽油杆向上运动，柱塞做上冲程时，固定阀打开，泵从井中吸入原油。同时，由于游动阀关闭，柱塞将上面的油管中的原油上举到井口，这就是抽油泵的吸入过程。当抽油杆向下运动，柱塞做下冲程时，固定阀关闭而游动阀打开，柱塞下面的油通过游动阀排到它的上面。这就是抽油泵的排出过程。常规型游梁式抽油机结构特点：支架支撑在游梁中部，曲柄连杆机构和减速器位于支架的后面；曲柄轴中心基本位于游梁尾轴承的正下方。这样，工作时上下冲程的时间(或曲柄转角)相等。

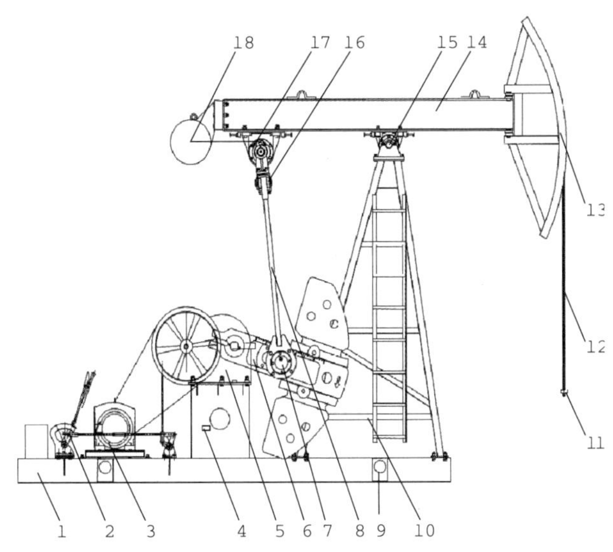

图 4－1　常规型游梁式抽油机结构简图

1—底座；2—刹车；3—电动装置；4—铭牌；5—减速器；6—曲柄装置；7—曲柄销装置；8—连杆；9—压杠及活动基础；10—支架；11—悬绳器总成；12—吊绳；13—驴头；14—游梁；15—中央轴承座；16—横梁；17—横梁轴承座；18—尾平衡

(4)实验内容及步骤

游梁式抽油机的规格表示如下。

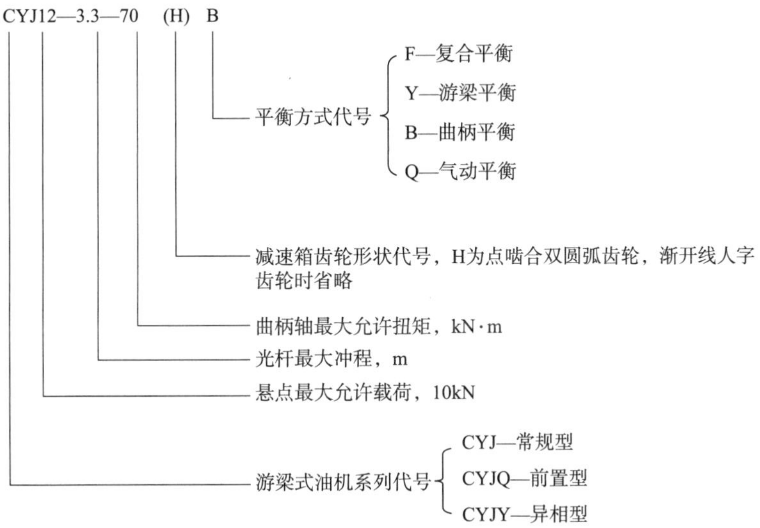

游梁是主要的动力传输件之一，是连杆机构中直接承受油井载荷的重要部件。它的主体可用钢板或钢组焊成方箱结构，也可组焊成“工”字或其他的截面结构。游梁的一端与前驴头连接，中间与中央轴承总成连接，游梁尾部安装一组滑轮滑杆装置，所以游梁要有足够的强度和刚度。

①游梁的材料选择和参数设计

选择游梁为热轧普通槽钢焊接而成。组焊后游梁的截面按等箱型截面计算，厚度 $d=7.5\text{mm}$，材料为 Q235，$\sigma_s=235\text{MPa}$，槽钢组焊后截面如图 4-2 和图 4-3 所示。

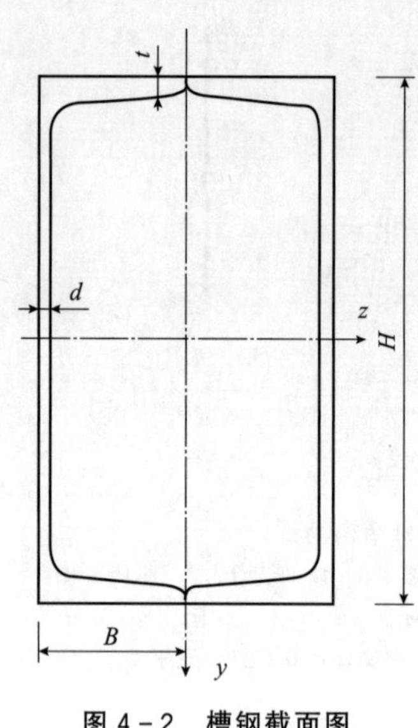

图 4-2 槽钢截面图

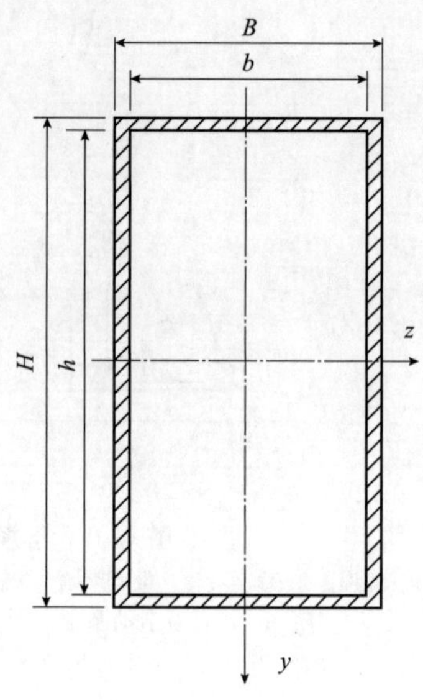

图 4-3 等效后截面

②静强度校核

游梁危险截面内的正应力 σ 随悬点载荷 P 作周期性变化，但由于 $\sigma_{min}/\sigma_{max}$ 一般大于 0.25，应力幅 σ_a 比较小，应力集中系数也较小，故可不作疲劳强度校核。

考虑到短时间作用的最大悬点载荷 P_{max} 有可能超过抽油机的额定悬点载荷[W]。例如柱塞瞬时卡住而驴头继续做运动，那么在悬点处产生的最大载荷有可能超过工作时悬点的最大允许载荷 P_{max}，短时间作用的悬点最大载荷 P'_{max} 为

$$P'_{max}=\mu_{瞬} P_{max} \tag{4-1}$$

$$\sigma_{max}=K\mu_{瞬}\frac{[W]}{W_z}A \tag{4-2}$$

式中：$\mu_{瞬}$——考虑在柱塞遇卡的特殊情况时的载荷增大倍数，一般取 1.4～1.8；

A——前臂长度；

K——轴力与力偶等影响使正应力增大的系数，一般取 1.1～1.2；

W_z——游梁截面系数，$W_z=\dfrac{BH^3-bh^3}{6H}$。

为简便起见，可将 $K\mu_{瞬}$ 并入安全系数中，将安全系数适应放大，而应力则按额定悬点载荷计算。

则有：

$$\sigma_{max}=A\frac{[W]}{W_z} \tag{4-3}$$

若游梁满足静强度要求，则需：

$$\sigma_{max} < \frac{\sigma_s}{n} \tag{4-4}$$

式中：n 为安全系数，n=1.5～2.0。

班级：　　　　学号：　　　　姓名：

写出游梁校核的计算过程：　　　　成绩

4.2 抽油机-抽油泵装置机构运动学特性分析实验

(1)实验目的

①了解和掌握抽油机悬点的运动规律；

②了解和掌握抽油机曲柄运动规律。

(2)实验要求

①在实际工况下，准确测量抽油机各部分组成部件的尺寸；

②求解悬点位移速度随曲柄转角的变化规律。

(3)实验原理及内容

①常规型游梁式抽油机的几何关系分析

运动简图见图 4-4、图 4-5。

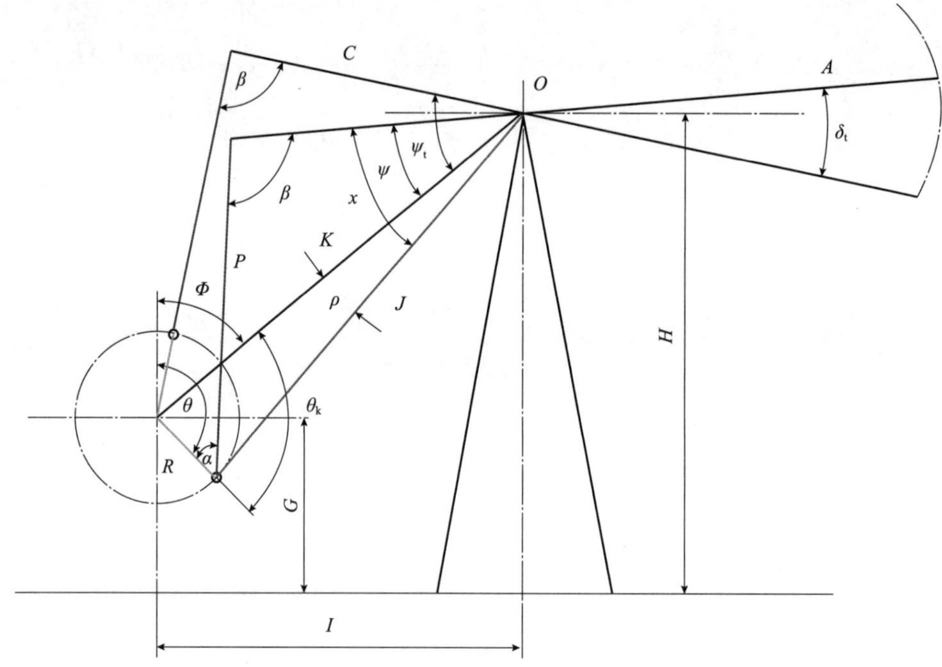

图 4-4 常规型游梁式抽油机运动简图

基本参数及意义表示如下：

A——游梁前臂长度，mm；

C——游梁后臂长度，mm；

P——连杆长度，mm；

R——曲柄半径，mm；

I——游梁支承中心到减速器输出轴中心的水平距离，mm；

H——游梁支承中心到底座底部的高度，mm；

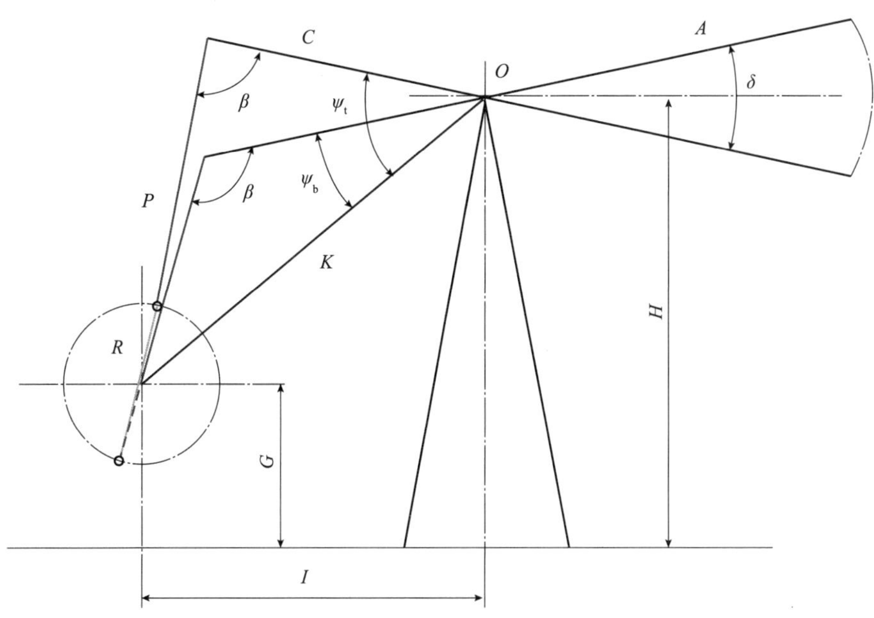

图 4－5　常规型游梁式抽油机运动简图(特殊位置)

G——减速器输出轴到底座底部的高度，mm；

ψ——C 与 K 的夹角；

K——极距，即游梁支承中心到减速器输出轴中心的距离，mm；

J——曲柄销中心到游梁支承中心之间的距离，mm；

θ——曲柄转角，以曲柄半径 R 处于 12 点钟位置作为零度，沿曲柄旋转方向度量；

Φ——零度线与 K 的夹角，由零度线到 K 沿曲柄旋转方向度量；

x——C 与 J 的夹角；

ρ——K 与 J 的夹角；

θ_k——K 与 R 的夹角；

θ——P 与 R 的夹角。

由图 4－4、图 4－5 可知：

$$\phi=-\arctan\left(\frac{I}{H-G}\right) \tag{4-5}$$

$$\theta_k=\theta-\phi \tag{4-6}$$

$$J=\sqrt{K^2+R^2-2KR\cos\theta_k} \tag{4-7}$$

$$\beta=\arccos\left(\frac{C^2+P^2-J^2}{2CP}\right) \tag{4-8}$$

$$\chi=\arccos\left(\frac{C^2+J^2-P^2}{2CJ}\right) \tag{4-9}$$

$$\rho=-\arcsin\left(\frac{R}{J}\sin\theta_k\right) \tag{4-10}$$

$$\psi=\chi-\rho \tag{4-11}$$

$$\psi_b=\arccos\left(\frac{C^2+K^2-(P-R)^2}{2CK}\right) \tag{4-12}$$

$$\psi_t=\arccos\left(\frac{C^2+K^2-(P+R)^2}{2CK}\right) \tag{4-13}$$

②悬点的位移

根据以上几何关系分析结果，对常规游梁式抽油机的运动学特性进行分析，推导相应公式，得到悬点位移。下图是以常规型游梁抽油机为例进行研究，并对此抽油机的运动学关系进行计算编程，画出理论的曲线图如图 4-6 所示。

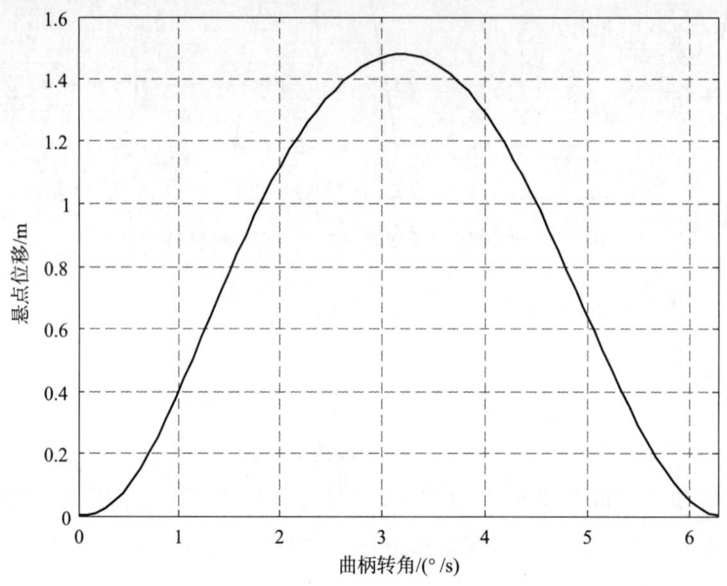

图 4-6　悬点位移曲线图

以悬点处于最低位置(下死点)为计算位移的起点。游梁摆动的角位移为 δ，最大角位移为 δ_{max}。根据抽油机四杆结构的几何关系：

$$\delta=\psi_b-\psi \tag{4-14}$$

$$\delta_{max}=\psi_t-\psi_b \tag{4-15}$$

悬点位移

$$S=A\delta \tag{4-16}$$

悬点最大位移

$$S_{max}=A\delta_{max} \tag{4-17}$$

(4)实验报告要求

在实验报告上分析和计算出悬点位移和曲柄转角之间的关系并绘制相关图形。

班级：　　　　　　学号：　　　　　　姓名：

1. 数据记录及计算　　　　　　　　成绩

	测量数据/mm								计算数据									
θ	A	C	P	R	I	H	G	K	Φ	θ_k	J	X	ρ	ψ_b	ψ_t	ψ	δ	S
0																		
60																		
120																		
180																		
240																		
300																		
360																		

2. 计算过程

计算角度＝

3. 运动曲线图绘制

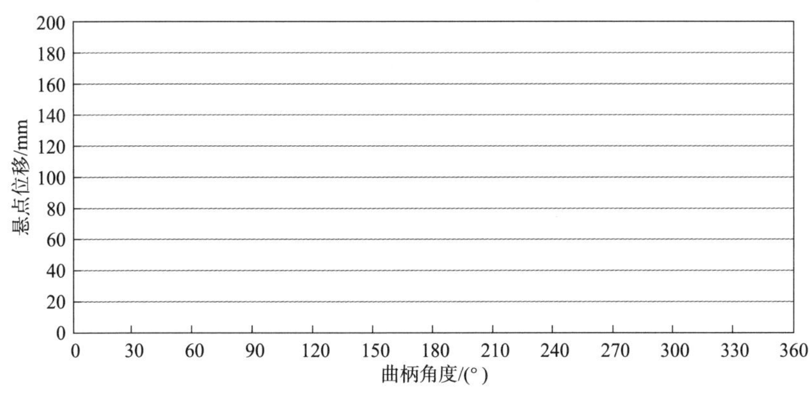

4.3 抽油机-抽油泵装置机构动力学特性分析实验

(1)实验目的

①了解和掌握抽油机悬点载荷的变化规律；

②了解和掌握抽油机曲柄轴扭矩的变化规律。

(2)实验要求

①推导并计算抽油机悬点静载荷、动载荷的变化规律；

②推导并计算抽油机曲柄扭矩的载荷变化规律。

(3)实验原理

①游梁式抽油机悬点载荷分析

悬点载荷是标志抽油机工作能力的重要参数之一，也是抽油机设计计算和选择使用的主要依据。当抽油泵工作时，抽油机悬点上作用下列六项载荷：

a. 抽油杆自重，$P_{杆}$表示(它在油中用$P'_{杆}$表示)，作用方向向下；

b. 油管内柱塞上的油柱重(即柱塞面积减去抽油杆面积的油柱重)，用$P_{油}$表示，作用方向向下；

c. 油管外油柱对活塞下端的压力，用$P_{压}$表示，$P_{压}$的大小取决于泵的沉没度，作用方向向上；

d. 抽油杆柱和油柱运动所产生的惯性载荷，相应的用$P_{压惯}$和$P_{油惯}$表示。它们大小与悬点的加速度成正比，而作用方向与加速度方向相反；

e. 抽油杆和油柱运动所产生的振动载荷，用$P_{振}$表示，其大小和方向都是变化的；

f. 柱塞与泵筒间、抽油杆和油管的半干摩擦力$P_{摩干}$，抽油杆柱与油柱间、油柱与油管间以及油流通过抽油泵游动阀的液体摩擦力$P_{摩液}$，$P_{摩液}$和$P_{摩干}$的作用方向与抽油杆的运动方向相反，其中游动阀的液体摩擦力只在泵下冲程、游动阀打开时产生，所以它的作用方向只向上。

上述前三项载荷和抽油杆的运动无关，称为静载荷；4、5两项载荷与抽油杆的运动有关，称为动载荷；第6项载荷也与抽油杆的运动有关，但是在直井、油管结蜡少和原油黏度不高的情况下，它们在总作用载荷中占的比重很小，占2%～5%，一般可以不计。为了叙述简单，先从静载荷入手。

抽油杆在空气中的重量$P_{杆}$为：

$$P_{杆}=f_{杆}\rho_{杆}Lg=f_{杆}\gamma_{杆}L \tag{4-18}$$

油管内、柱塞上的油柱重$P_{油}$为：

$$P_{油}=(F-f_{杆})\rho_{液}Lg=(F-f_{杆})\gamma_{液}L \tag{4-19}$$

抽油杆在油中的重量$P'_{杆}$为：

$$P'_{杆}=f_{杆}(\rho_{杆}-\rho_{液})Lg=f_{杆}(\gamma_{杆}-\gamma_{液})L \tag{4-20}$$

油井中动液面以上断面积等于柱塞面积的油柱的重量$P'_{油}$为：

$$P'_{油}=F\cdot\rho_{液}(L-h_{沉})g=F\cdot\gamma_{液}(L-h_{沉}) \tag{4-21}$$

式中：$P_{杆}$——抽油杆材料的密度，kg/m³；

$\rho_{液}$——抽汲液体的密度，kg/m³；

$\gamma_{杆}$——抽油杆材料的重度，N/m³；

$\gamma_{液}$——抽汲液体的重度，N/m³；

F——泵柱塞的面积，m²；

$f_{杆}$——抽油杆截面积，m²；

L——抽油杆长度或下泵深度，m。

②悬点静载荷的大小和变化规律

分别对上冲程、下冲程、上死点、下死点四种情况进行分析，见图 4-7、图 4-8。

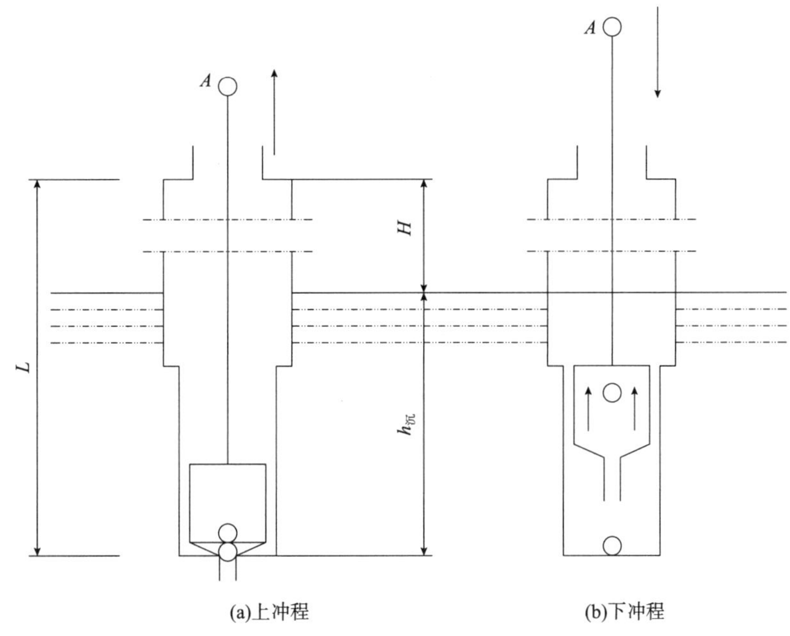

图 4-7 悬点载荷作用图

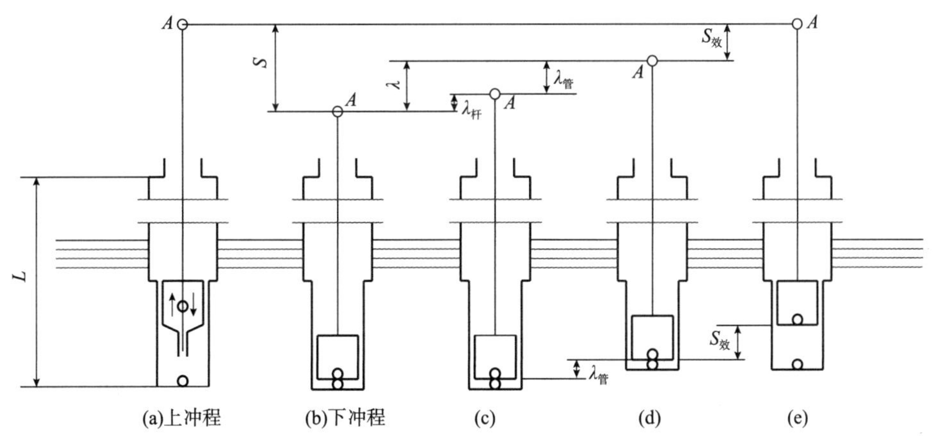

图 4-8 抽油杆柱和油管柱变形过程

a. 上冲程

当悬点从下死点向上移动时，如图 4－8(a)所示，游动阀在柱塞上部油柱的压力作用下关闭，而固定阀在柱塞下面泵筒内、外压差的作用下打开。由于游动阀关闭，使悬点承受抽油杆自重 $P_{杆}$ 和柱塞上油柱重 $P_{油}$，这两个载荷的作用方向都向下。同时，由于固定阀打开，使油管外一定沉没度的油柱对柱塞下表面产生向上的压力 $P_{压}$。因此，上冲程时悬点的静载荷为：

$$\begin{aligned} P_{静上} &= P_{杆} + P_{油} - P_{压} \\ &= f_{杆}\ \gamma_{杆}\ L + (F - f_{杆})\gamma_{油}\ L - F\gamma_{油}\ h_{沉} \\ &= f_{杆}(\gamma_{杆} - \gamma_{油})L + F\gamma_{油}(L - h_{沉}) \\ &= P'_{杆} + P'_{油} \end{aligned} \tag{4-22}$$

b. 下冲程

当悬点载荷由上死点向下移动时，如图 4－8(b)所示，游动阀在上、下压力差作用下打开，而固定阀在泵筒内、外压力差作用下关闭。游动阀打开，使悬点只承受抽油杆柱在液面中的重量 $P'_{杆}$，固定阀关闭，使油柱重量转移到固定阀和油管上。因此，下冲程时悬点的静载荷 $P_{静下}$ 为：

$$P_{静下} = P'_{杆} \tag{4-23}$$

c. 下死点

对抽油杆来说，上死点悬点载荷瞬时发生变化，由下冲程的 $P_{静下}$ 变到上冲程的 $P_{静上}$，增加了 ΔP 其大小为 $P'_{油}$，载荷增加使油杆伸长，伸长的大小 $\lambda_{杆}$ 为

$$\lambda_{杆} = \Delta PL/(Ef_{杆}) = P'_{油}L/(Ef_{杆}) \tag{4-24}$$

式中：E——钢材的弹性模数，$2.1\times10^{11}\ \mathrm{N/m^2}$。

在伸长变形完成以后，载荷 ΔP 才全部加在抽油杆或悬点上。实际上，在抽油杆柱受载伸长的过程中，已经进入上冲程阶段。当悬点向上走了距离 $\lambda_{杆}$ 时，由于同时产生的抽油杆柱伸长的结果，使柱塞还停留在原来的位置，即柱塞相对泵筒没有运动，因而不抽油，如图 4－8(c)所示。

对油管柱来说，下冲程时，由于游动阀打开和固定阀关闭，整个油柱重量都由柱塞和抽油杆柱承担，而油管柱上就没有这个载荷的作用了。因此，在抽油柱加载的同时，油管柱卸载。卸载引起油管柱的缩短，直到缩短变形完毕以后，油管柱的载荷才全部卸掉。油管柱缩短的大小 $\lambda_{管}$ 为：

$$\lambda_{管} = P'_{油}L/(Ef_{管}) \tag{4-25}$$

式中：$f_{管}$——油管管壁的断面积，$\mathrm{m^2}$。

这样一来，虽然悬点带着柱塞向上移动，但是由于油管柱的缩短，使油管柱的下端也跟着柱塞向上移动，柱塞相对泵筒没有运动，还不能抽油，如图 4－8(d)所示。一直到悬点经过一段距离以后，柱塞才开始抽油。

悬点从下死点到上死点虽然走了冲程长度 S，但是由于抽油杆柱和油管柱的静变形结果，使抽油泵柱塞的有效冲程长度 $S_{效}$ 比 S 小，故：

$$S_{效}=S-\lambda \tag{4-26}$$

而静变形 λ 为：

$$\begin{aligned}\lambda &=\lambda_{杆}+\lambda_{管}=\frac{P'_{油}L}{Ef_{杆}}+\frac{P'_{油}L}{Ef_{管}}\\ &=\frac{P'_{油}L}{Ef_{杆}}\left(1+\frac{f_{杆}}{f_{管}}\right)=\frac{\lambda_{杆}}{\psi}\end{aligned} \tag{4-27}$$

式中：$\psi=\frac{f_{管}}{f_{管}+f_{杆}}$称为变形分配系数，一般可取 0.6～0.9。

d. 上死点

它和下死点情况恰恰相反。这时对抽油杆柱来说，静载荷由上冲程的 $P_{静上}$ 变到下冲程的 $P_{静下}$，减小了油柱重 $P'_{油}$，抽油杆因而缩短了 $\lambda_{杆}$。因此，当悬点向下走了 $\lambda_{杆}$ 时，由于抽油杆柱的缩短，柱塞在井下原地不动，它对泵筒不产生相对运动，因而不能排油。而对油管柱来说，因为加载 $P'_{油}$ 而伸长了 $\lambda_{管}$，油管(或泵筒)好像跟着柱塞往下走。所以，在悬点再走完 $\lambda_{管}$ 以前，柱塞和泵筒还不能产生相对运动，也不会排油。因此，在排油过程中，柱塞的有效冲程长度 $S_{效}$ 比悬点冲程长度 S 减小了一个同样的静变形 λ 值。

上、下冲程中悬点载荷随悬点位移的变化规律用图 4－9 来表示，这种图形称为静力示功图。图中 AB 斜线表示悬点上冲程开始时载荷由柱塞传递到悬点的过程。EB 线相当于柱塞与泵筒没有发生相对运动时悬点上行的距离，即 $EB=\lambda$。当全部载荷都作用到悬点以后，静载荷就不再变化而成水平线 BC，到达上死点 C 为止。CD 段表示抽油杆柱的卸载过程。卸载完毕后，悬点又以一个不变的静载荷向下运动，成为水平线 DA 而回到 A。

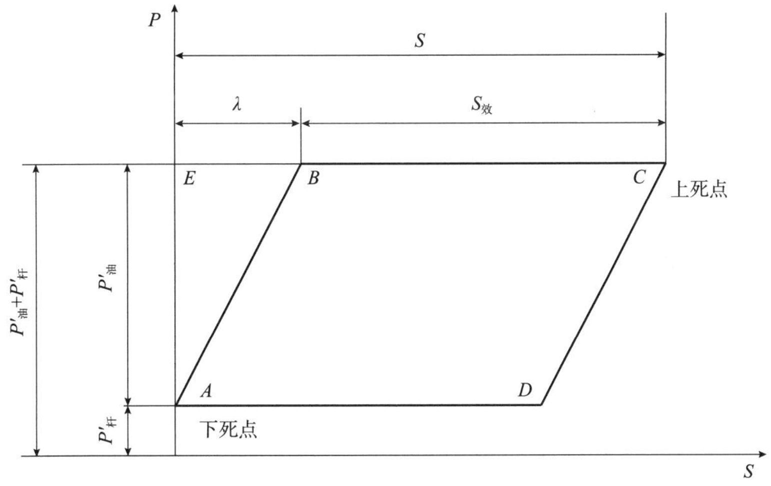

图 4－9 静力示功图

③基本参数的拟定计算

现根据实际情况：下泵深度 L(泵挂)为 900m，动液面 850m(沉没度 $h_{沉}$ 为 50m)，泵径 32mm，抽油杆直径 19mm，取 $\rho_{杆}=7.9\times10^3\text{kg/m}^3$，$\rho_{油}=0.8\times10^3\text{kg/m}^3$，$\psi=0.7$ 根据前面分析计算可得：

a. 上冲程

$$\begin{aligned}P_{静上}&=P_{杆}+P_{油}-P_{压}\\&=f_{杆}(\gamma_{杆}-\gamma_{油})L+F\gamma_{油}(L-h_{沉})\\&=\frac{1}{4}\pi\times(19\times10^{-3})^2\times900\times(7.9-0.8)\times10^4+\frac{1}{4}\pi\times\\&\quad(32\times10^{-3})^2\times(900-50)\times0.8\times10^4\\&=2.36\times10^4\text{N}\end{aligned}$$

b. 下冲程

$$\begin{aligned}P_{静上}&=P'_{杆}=f_{杆}(\gamma_{杆}-\gamma_{油})L\\&=\frac{1}{4}\pi\times(19\times10^{-3})^2\times900\times(7.9-0.8)\times10^4=1.8\times10^4\text{N}\end{aligned}$$

c. 下死点

$$\lambda=\frac{\lambda_{杆}}{\psi}=\frac{P'_{油}L}{Ef_{杆}\psi}$$

$$=\frac{\frac{1}{4}\pi\times(32\times10^{-3})^2\times(900-50)\times0.8\times10^4\times900}{2.1\times10^{11}\times\frac{1}{4}\pi\times(19\times10^{-3})^2\times0.7}=0.118\text{m}$$

d. 上死点

$$\lambda=0.118\text{m}$$

e. 悬点最大冲程长度

根据设计抽油机的情况，本机型的最大冲程长度设计为 1.5m。

f. 抽油泵柱塞的有效冲程长度 $S_{效}$

$$S_{效}=S-\lambda=1.5-0.118=1.382\text{m}$$

g. 悬点最大冲程次数

根据设计抽油机的情况，本机型的最大冲程次数设计为 6 min^{-1}。

(4)实验报告要求

推导悬点载荷变化规律，根据实际情况进行计算，并绘出其示功图；

班级：　　　　　　　学号：　　　　　　　姓名：

成绩

1. 计算过程

下泵深度 L(泵挂)为__ m，动液面__ m(沉没度 $h_{沉}$ 为 m)，泵径__ mm，抽油杆直径__ mm，取 $\rho_{杆}=7.9\times10^3 kg/m^3$，$\rho_{油}=0.8\times10^3 kg/m^3$，$\psi=0.7$

2. 绘制静力示功图

4.4 电动潜油离心泵模拟装置设计及离心泵拆装实验

(1)实验目的

①掌握电潜离心泵模拟实验装置工作原理；

②了解离心泵结构。

(2)实验要求

①观察电潜离心泵模拟实验装置整体结构；

②了解离心泵各组成部分；

③离心泵拆装及测绘。

(3)实验仪器

①电潜离心泵模拟实验装置；

②离心泵。

(4)实验原理

电潜离心泵模拟实验装置控制流程图见图 4-10，参数表见表 4-1。

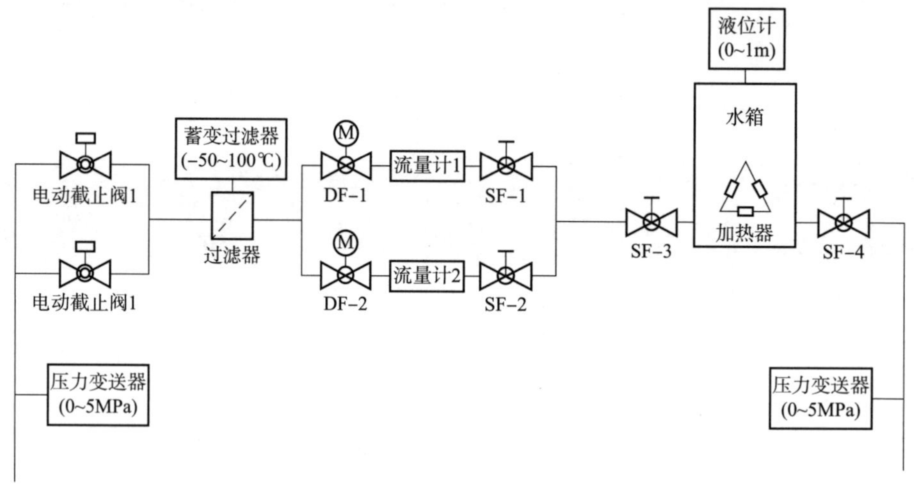

图 4-10 电潜离心泵模拟实验装置控制流程图

表 4-1 电潜离心泵模拟实验装置测量参数表

检测参数	量程	精度	备注
泵的出口压力	0～10MPa	0.5	—
泵的流量	50～300m³/d	0.5	电磁流量计
介质温度	室温～50℃	0.5	热电阻
转子扭矩	0～200N·m	0.25	—
转子转速	1000～3000r/min	0.5	—

(5)实验内容及步骤

①观测电潜离心泵模拟实验装置测量参数传感器的安装及位置；

②观测电潜离心泵模拟实验装置夹紧装置组成；

③观测各组成部分的工作顺序；

④对离心泵进行拆装；

⑤测绘离心泵零件图。

(6)实验报告要求

了解电潜离心泵模拟实验装置各组成部分功能及安装，拆装离心泵，测量离心泵零件并绘制草图。

班级：　　　　学号：　　　　姓名：

成绩

4.5 离心泵综合性能测定实验

(1)实验目的

①了解离心泵实验原理及设备、仪表的组成；

②熟悉并掌握离心泵实验操作过程、工况调节、测试方法及数据处理；

③根据测定数据绘制离心泵的特性曲线($Q—H$、$Q—N_{轴}$、$Q—\eta$)和管路特性曲线$Q—H_e$。

(2)离心泵综合特性实验装置示意图

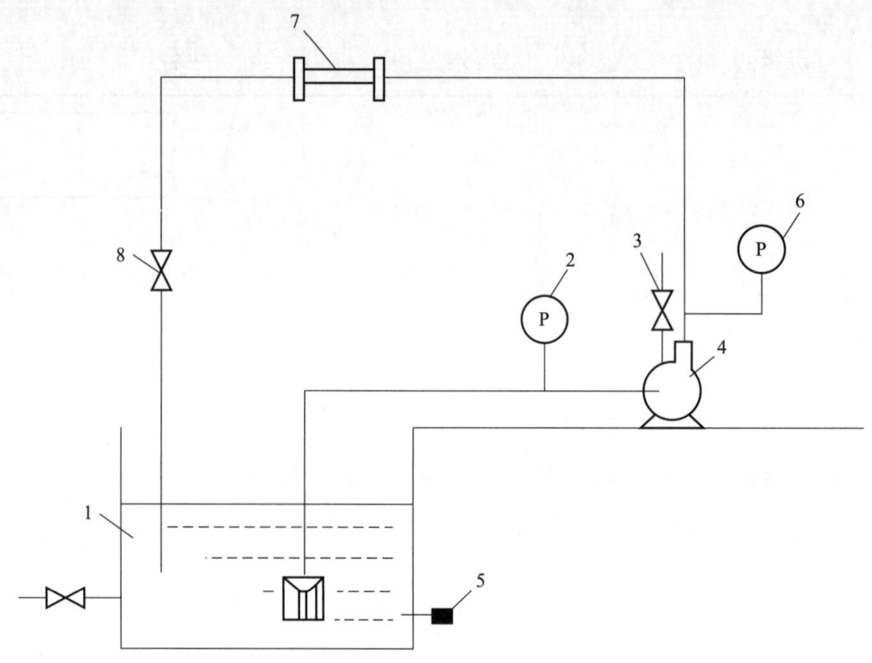

图 4-11 离心泵综合性能测定实训装置工艺流程图

1—水槽；2—真空表；3—灌泵阀；4—离心泵；
5—温度传感器；6—压力表；7—流量计；8—电动阀

(3)实验原理

①离心泵特性曲线

离心泵的主要工作部件是叶轮和带动叶轮旋转的轴及螺旋形泵壳。当泵内充满液体时，叶轮旋转产生离心力，在离心力的作用下液体由中心沿着叶片被甩出叶轮外，使叶轮中心形成低压区。在大气压差作用下液体源源不断经吸入口流向叶轮中心。泵轴不断地旋转，使叶轮不停地吸入和排出液体。

a. 扬程

根据能量守恒原理，在离心泵吸入口与排出口之间以扬程(压头)H表示的能量平衡方程式：

$$H=\frac{10^6(p_2-p_1)}{\rho g}+\frac{V_2^2-V_1^2}{2g}+(z_2-z_1)+\Sigma h_1$$

由于离心泵吸入口与排出口距离很近，各种水力摩擦损失 Σh_1 很小，可忽略不计，另外吸入与排出管直径相等，则流速相当，因此 $\frac{V_2^2-V_1^2}{2g}\to 0$；$z_2-z_1$ 是排出口压力表与吸入真空表安装的几何高度差，用 H_0 表示，所以上式可简化为：

$$H=\frac{10^6(p_2-p_1)}{\rho g}+H_0$$

式中：p_1、p_2——吸入口、排出口的真空表、压力表读数，MPa。当吸入口为真空表时，其真空度读数为负压；

ρ——液体密度，kg/m³，$\rho_{水}=1000\text{kg/m}^3$；

g——重力加速度，m/s²，$g=9.8\text{m/s}^2$；

H_0——压力表与真空表安装中心的高度差，m。

因此上式可表示为：

$$H=102(p_2-p_1)+H_0\qquad(\text{m})$$

b. 轴功率

离心泵的轴功率采用扭矩传感器来测量，计算公式为：

$$N_{轴}=2\pi nT_{\text{m}}$$

式中：T_{m}——扭矩，N·m；

n——电机转速，r/s。

c. 效率

离心泵效率是其水功率（有效功率）$N_{水}$ 与轴功率（电机输出功率）$N_{轴}$ 之比的百分值。即：

$$\eta=\frac{N_{水}}{N_{轴}}\times 100\%\text{或 }\eta=\frac{\rho gQH}{N_{轴}}\times 100\%$$

式中：η——离心泵效率，%；

$N_{水}$——水功率（有效功率），W；

ρ——密度，$\rho_{水}=1000\text{kg/m}^3$；

Q——排量，m³/s；

H——有效扬程，m。

②管路特性曲线

当离心泵安装在特定的管路系统中工作时，实际的工作压头和流量不仅与离心泵本身的性能有关，还与管路特性有关，也就是说，在液体输送过程中，泵和管路二者是相互制约的。管路特性曲线是指流体流经管路系统的流量与所需压头之间的关系。若将泵的特性曲线与管路特性曲线画在同一坐标图上，两曲线交点即为泵在该管路的工作点。因此，如同通过改变阀门开度来改变管路特性曲线，求出泵的特性曲线一样，可通过改变泵转速来改变泵的特性曲线，从而得出管路特性曲线。泵的压头 H 计算同上。

(4)实验步骤

①离心泵特性曲线

a. 打开电源；

b. 向水槽内注水至超过 50%为止；

c. 检查电动流量调节阀，压力表的开关及真空表的开关是否关闭(应关闭)；

d. 点击漏斗灌水至水满，再次点击停止灌水，然后关闭灌水阀，启动离心泵，缓慢打开电动流量调节阀至全开；

e. 待系统内流体稳定，打开压力表和真空表的开关，方可测取数据；

f. 控制柜流量显示表 PV 显示的是当前流量值，SV 显示的是当前电动阀的开度值，通过上下按键调节电动流量调节阀的开度，从流量为零至最大或流量从最大到零，测取 15 组数据，记录涡轮流量计流量、泵入口压强、泵出口压强、扭矩、转速读数，并记录水温；

g. 实验结束后，关闭电动流量调节阀，关闭压力表和真空表，停泵，关闭电源。

②管路特性曲线

a. 向水槽内注水至超过 50%为止；

b. 打开电源；

c. 从加水漏斗中灌水至水满关闭灌水阀，启动离心泵；

d. 打开电动流量调节阀至某一开度，通过离心泵变频器的上下按键调节离心泵电机频率，测取 10 组数据；

e. 记录电机频率、泵入口压强、泵出口压强、流量计读数，并记录水温；

f. 实验结束后，关闭电动流量调节阀，停泵，关闭电源。

(5)数据处理及离心泵特性曲线、管路特性曲线的绘制

按《离心泵特性实验数据记录表》和《管路特性实验数据记录表》将每一工况点的各测试数据记录在表上，实验结束后，按照前面公式计算出对应的扬程、轴功率(水功率)、效率。

根据测试数据及计算结果，在一定比例的坐标纸上，绘制出四条特性曲线。

班级：　　　　　　　　学号：　　　　　　　　姓名：

成绩

离心泵特性曲线测定实验数据表

序号	入口压力/kPa	出口压力/kPa	扭矩/N·m	流量/(m^3/h)	转速/(r/min)	压头/m	轴功率/W	效率/%
1								
2								
3								
4								
5								
6								
7								
8								
9								
10								
11								
12								
13								
14								
15								

管路特性曲线测定实验数据表

序号	入口压力/kPa	出口压力/kPa	流量 Q_e/(m^3/h)	压头 H_e/m
1				
2				
3				
4				
5				
6				
7				
8				
9				
10				

特性曲线：

第5章 井下工具实验

5.1 井下工具认知实验

(1)实验目的

①了解钻井工具基本结构和工作原理;

②了解常用的采油方式;

③了解修井工具基本结构和工作原理;

④对采油及修井工具进行虚拟装配。

(2)实验方法及要求

①通过井下工具库网络软件掌握钻井工具的基本原理和结构;

②通过虚拟装配进一步掌握钻井工具的结构。

(3)实验内容及步骤

①打开电脑电源,进入 Windows 系统;

②进入 D 盘,找到 jxgjk2013 文件夹;

③进入文件夹,并找到文件 index.html 并双击进入;

④进入井下工具库页面;

⑤点击钻井工具,进入钻井工具页面;

⑥在网页内学习钻井工具内容。

点击左侧对应图标,进入页面,了解相关工具的作用,点击图片,进入网页,观看对应图片,点击动画,观看动画,点击视频,观看相关视频,点击文本资料,进一步学习相关知识;

⑦钻井工具的虚拟装配。

a. 在 E 盘根目录下以自己的名字建立一个文件夹;

b. 进入 jxgjk2013 文件夹,找到 files 文件夹,点击进入;

c. 进入机电工程实验室建设项目三维图库;

d. 进入钻头文件夹,查看文件;

e. 将钻头文件夹拷贝到 a 中自己命名的文件夹内；

f. 将文件夹内的钻头进行组装，组装完成图如图 5 - 1 所示。

⑧整理文件，将自己的装配图进行截图保存并打印，关机，打扫卫生。

三牙轮结构组装示意图见图 5 - 1。

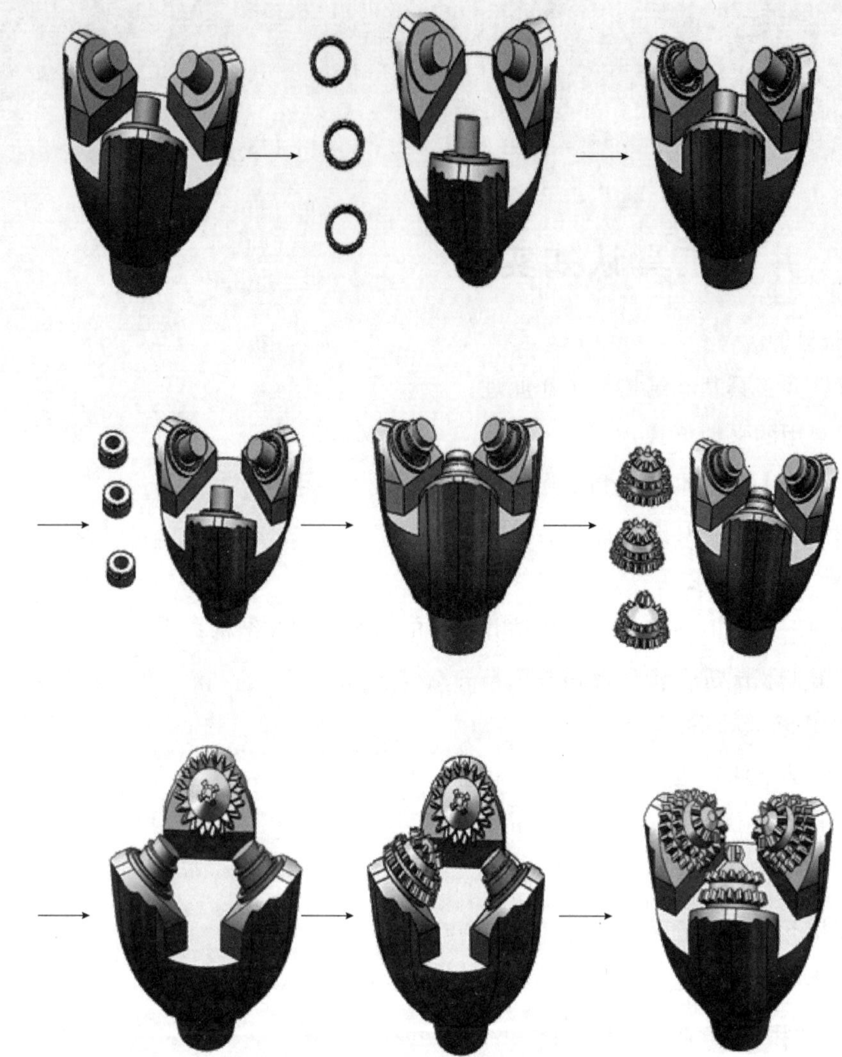

图 5 - 1　三牙轮结构组装示意图

组装过程：钻头底座→轴承密封→轴承→钻头 1→钻头

(4)实验报告要求

①思考题：牙轮钻头中单个牙轮是否一样，有什么特点，是怎么装配的？

②将钻头装配图粘贴在实验报告上。

(实验报告数据处理页于下次实验课上课前交)

班级：　　　　　　　　学号：　　　　　　　　姓名：

1. 装配所采用的零部件截屏照片。　　　　成绩

2. 装配后牙轮截屏照片。

3. 思考题答案。

5.2 安全接头工作原理及拆装实验

(1)实验目的

①掌握实物测绘的基本方法；

②了解井下工具常用的标准。

(2)实验方法及要求

通过对安全接头的拆装，了解左右旋螺纹的不同，通过测绘，掌握井下工具常用的一些标准。

(3)实验内容及步骤

①安全接头工作原理及作用

安全接头是连接在井内管柱上的一种易于脱扣、对扣的安全工具。它安装在管柱需要脱开的位置，可同管柱一起传送扭矩和承受各种复合应力，井内发生故障时通过井口操作完成作业管柱的脱扣、对扣，为预防及解除井下事故提供保障工具。

a. 结构、工作原理

如图 5－2 所示，安全接头由公接头、母接头和上、下“O”形密封圈组成，公、母接头用宽锯齿螺纹联结。公、母接头上设计有拉紧结构，在圆周上等分为三个凸台，工作面是接触面，施加一定的扭矩后，由于工作面的升角，使公、母接头被拉紧并联结成一刚性体。“O”形密封圈是隔绝接头内外的泥浆，即使是高泵压循环，宽锯齿螺纹也不致遭受泥浆的冲蚀。

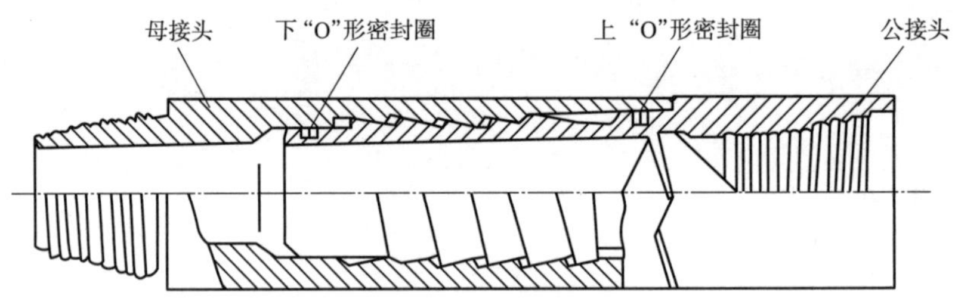

图 5－2 安全接头

b. 使用范围

安全接头用于钻井、打捞、洗井、修井和测试等作业以及安装在油管柱上，外径和水眼直径一般应与所匹配的管柱相同。接头螺纹和管柱一致，尽量不用转换接头。

打捞作业时，一般连接在打捞工具(公锥、母锥、捞矛、捞篮、捞筒等)之上、震击工具之下。测试作业时，连接在地层测验器和封隔器之上、震击工具之下。洗井作业时，连接在洗井管柱和钻杆之间。安全接头在油管柱上使用时，连接在油管悬挂器或封隔器之上。

如右旋安全接头，则将钻柱向左(逆时针方向)；左旋安全接头，则将钻柱向右(顺时针方向)转动 1～3 圈(浅井转动1圈，深井、定向井转动 2～3 圈)，在保持扭矩的同时，快速下放钻柱，使安全接头受 200～400kN 的冲击力。然后上提(不超过安全接头以上钻柱的悬重)、下放数次，使安全接头锯齿螺纹自动松开。

注：倒扣时不要使安全接头处于受拉力的状态，因为在拉力状态下倒扣，难以倒开。

②拆装安全接头及要求

a. 对安全接头进行拆卸，了解各部分组成及作用；

b. 完成安全接头的安装，熟悉其结构；

c. 对安全接头进行各零件测量；

d. 绘制零件图和装配图；

e. 整理清扫现场，将安全接头涂润滑油后放好。

(4)实验报告要求

将安全接头主要零件图画在实验报告纸上，标注圆整后的测量尺寸，配合表面估计尺寸偏差及表面粗糙度(至少 3 个)。

班级：　　　　　　　　学号：　　　　　　　　姓名：

1. 零件 1　　　　　　　　成绩

2. 零件 2

3. 零件 3

4. 零件 4

5.3 封隔器拆装实验

(1)实验目的

了解封隔器基本结构和工作原理，掌握封隔器坐封和解封的实现。

(2)实验方法及要求

通过井下工具库学习封隔器的类型、工作原理及适用范围，通过拆装实验更加了解封隔器的结构及使用。

(3)实验内容及步骤

①封隔器组成

封隔器：由钢体部分、胶皮封隔件部分、控制部分构成。见图 5-3。

②Y111-114 型封隔器工作原理

座封：座封时，油管内憋压，来液经内中心管和下中心管孔眼分别作用于上、下两级座封活塞上，推动两级活塞上行压缩胶筒，同时卡瓦套与锁环相互啮合锁紧，使胶筒压缩密封油套环空完成座封。反洗井时，套管内来液经上外套栅状流道推动密封凡尔上行，打开洗井通道进入内外中心管的环空，到达封隔器的下部完成反洗井。

解封：解封时，上提管柱，由于胶筒与套管之间的摩擦力作用使锁扣指与中心管发生相对位移，锁扣指失去支撑回收，卡爪套与锁环在胶筒反弹力的作用下脱开解卡，完成解封。

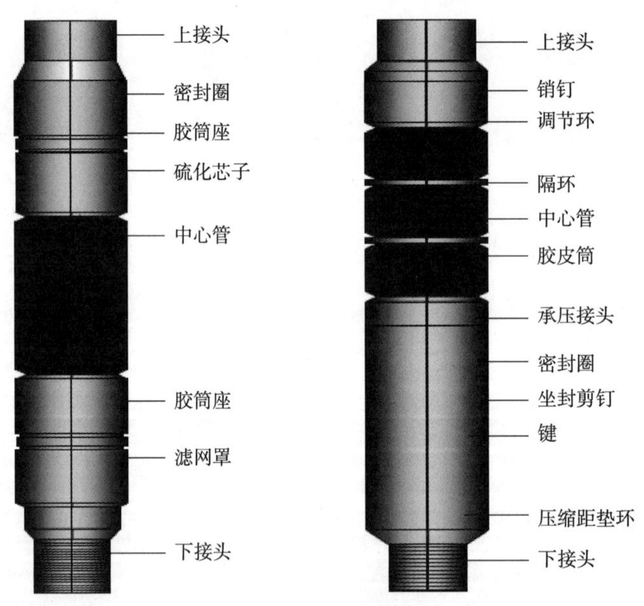

图 5-3 封隔器

③Y221-114 型封隔器拆装过程

示意图见图 5-4。

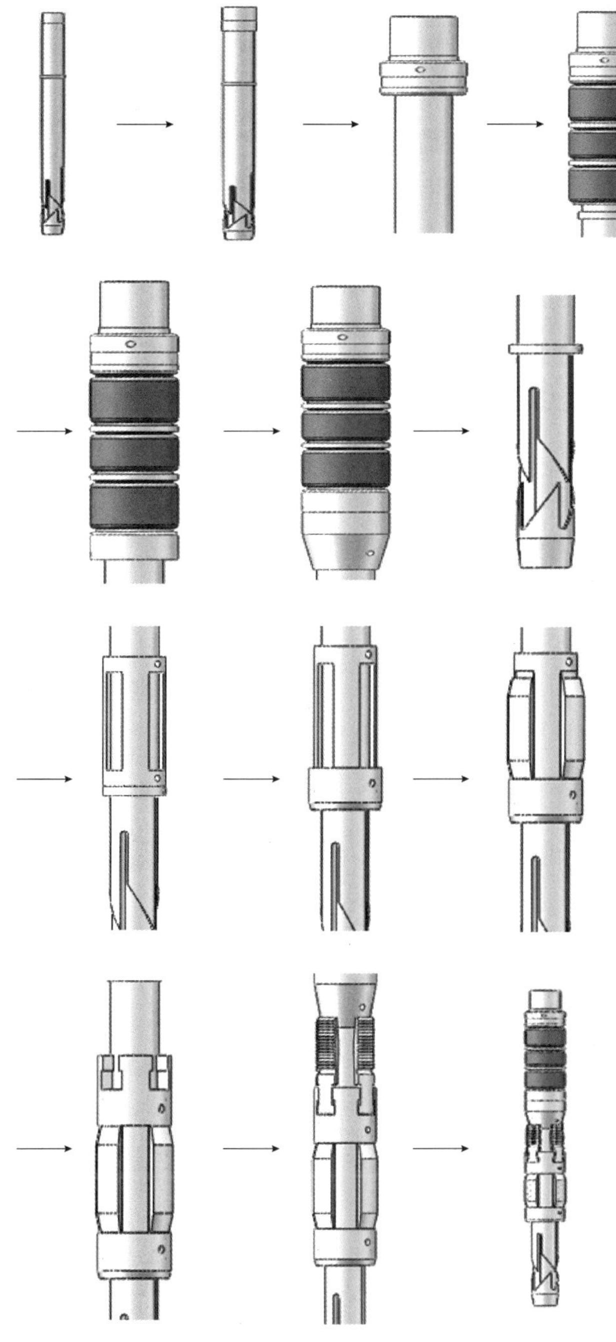

图 5-4　Y211-114 型封隔器组装示意图

组装过程：中心管—上接头—调节环—胶筒、隔环—限位套—锥体—滑环—扶正器座—滑环套—扶正块—卡瓦座。

④实验操作

a. 熟悉管钳、链钳的使用方法；

b. 熟悉平口钳的使用方法；

c. 对封隔器进行拆卸，要求每拆卸一个零件都要进行标记；

d. 仔细观察每一个零件的结构特点，分析其作用；

e. 按顺序对零件进行组装；

f. 分析封隔器的坐封和解封是如何实现的；

g. 将封隔器零件擦拭干净、涂润滑油并安装。

(4)实验报告要求

①详细阐述 Y341－114 型封隔器解封、坐封及反洗井的实现；

②将拆装过程、顺序以图片形式粘贴在实验报告上。

班级：　　　　学号：　　　　姓名：

1. 拆装前封隔器实物照片。　　　　成绩

2. 拆装后封隔器零部件实物摆放照片。

3. 回装后封隔器实物照片。

5.4　封隔器测绘及三维建模实验

(1)实验目的

了解 Y341－114 型封隔器各部分结构和工作原理。

(2)实验方法及要求

对 Y341－114 型封隔器进行实物测绘。

(3)实验内容及步骤

①熟悉 Y341－114 型封隔器工作原理；

②测量 Y341－114 型封隔器各零件；

③根据零件之间的关系判断零件的公差及表面粗糙度；

④完成各零件测绘，如图 5－5 所示。

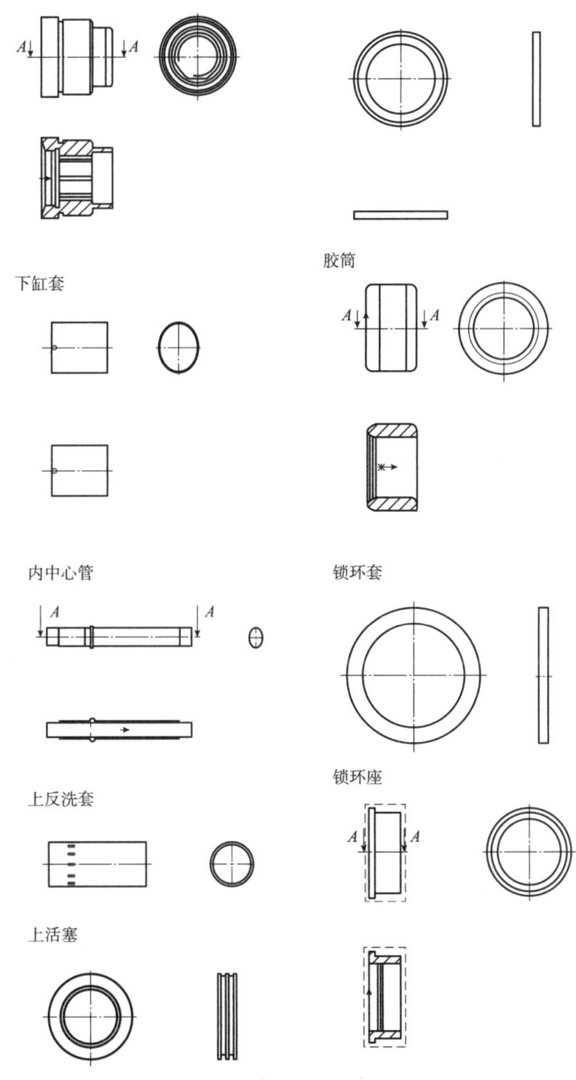

图 5－5　Y341－114 型封隔器零件

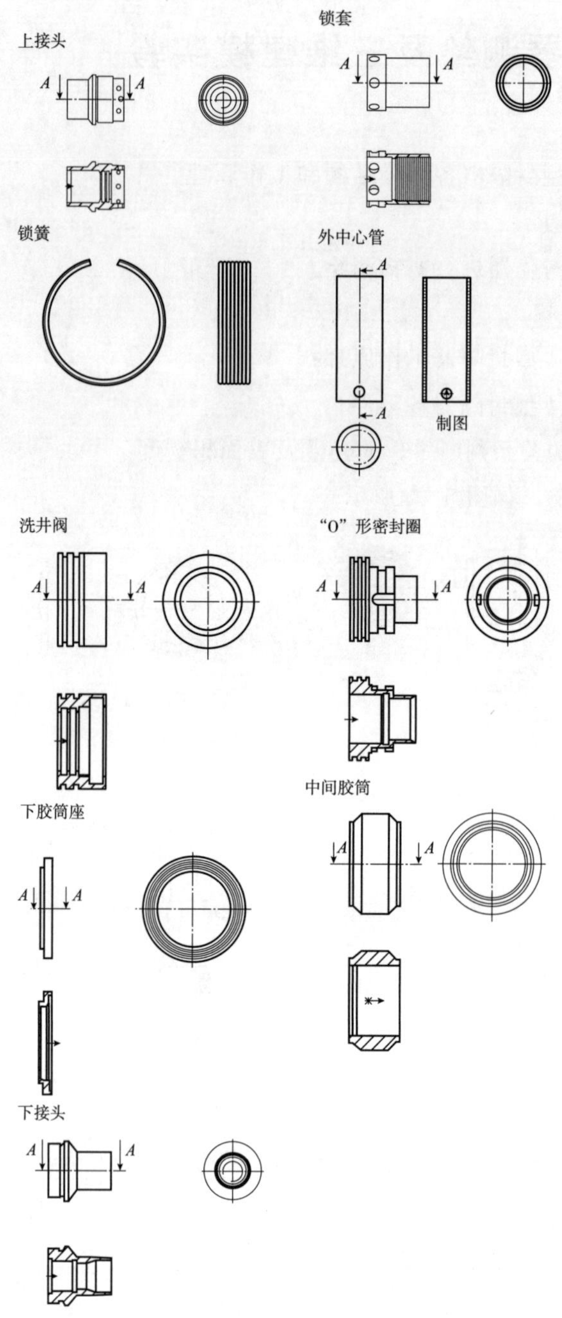

图 5-5　Y341-114 型封隔器零件(续)

⑤绘制装配图，如图 5-6 所示。

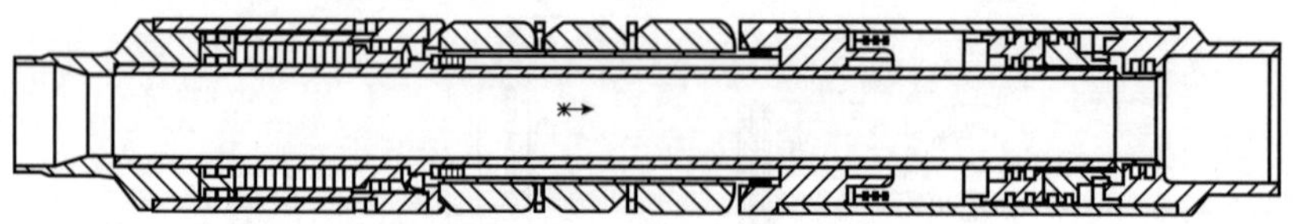

图 5-6　Y341-114 型封隔器装配图

⑥对零件进行三维建模并组装，如图 5 - 7 所示。

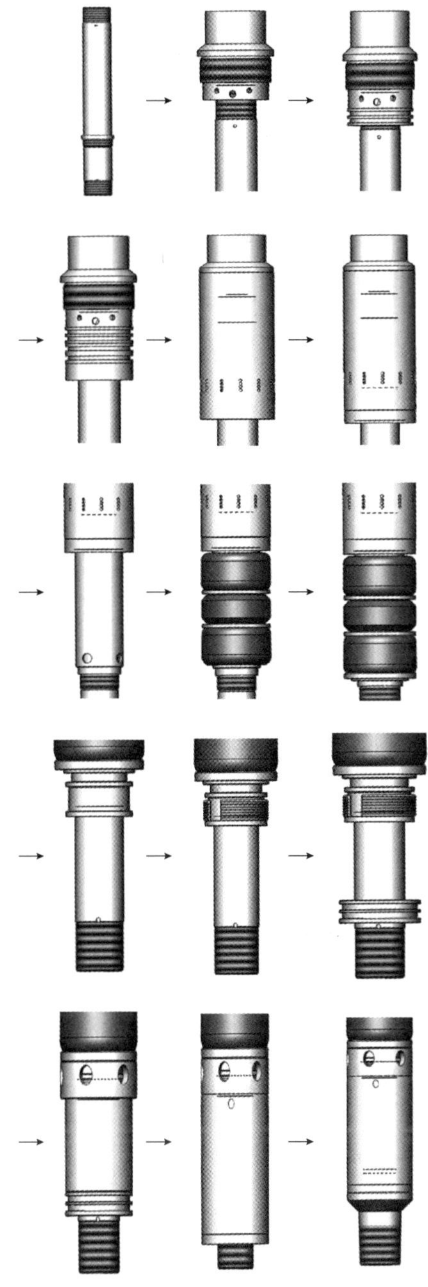

图 5 - 7　Y341 - 114 型封隔器组装示意图

组装过程：内中心管—“O”形密封圈—反洗活塞—洗井阀—上反洗套—顶套—外中心管—胶筒、隔环—下胶筒座—锁环座、锁环套—锁簧—坐封活塞—锁套—下缸套—下接头。

(4)实验报告要求

对 Y341 - 114 型封隔器进行测绘，要求画出零件测绘图纸，并进行标注，至少画出 4 个零件。

班级：　　　　　　　　学号：　　　　　　　　姓名：

1. 零件 1　　　　　　　　　　　　　　　　成绩

2. 零件 2

3. 零件 3

4. 零件 4

第 6 章 海洋石油装备实验

6.1 桩基式平台工作原理分析

（1）实验目的

随着世界人口的增长和陆地资源因加速开采而日渐枯竭，海洋资源的开发已成为世界各国普遍关注的问题。通过海洋油气钻井工程与装备的认识实验，使学生了解海洋油气钻井平台结构及装备特点，为学生毕业后从事海洋油气生产提供相应专业知识。

（2）实验方法及要求

通过实验室试验装置认识实验，熟悉海洋油气钻井桩基式平台（实物模型）和半潜式平台（多媒体投影）结构特点，了解海洋油气钻井平台结构性能。

（3）实验内容及步骤

①实验装置：

a. 桩基式平台——实物模型（应用 200m 水深内钻井生产）；

b. 半潜式平台——多媒体投影（应用超过 200m 水深内钻井生产）。

②实验准备

a. 桩基式平台实验准备

（桩基式平台模型安装就位、平台上井架和吊机安装完毕）

b. 半潜式平台实验准备

（多媒体介绍中海油南海挑战号平台和中石化勘探三号平台）

③实验步骤：

a. 桩基式平台

（桩基式平台载荷、平台组成与结构）

b. 半潜式平台

（半潜式平台结构——平台主体结构、立柱结构、下体或浮箱结构）

④数据处理：

CAD 绘制桩基式平台组成部分：

a. 上部结构；

b. 导管架结构；

c. 桩基础结构。

(4)实验报告要求

思考题：

桩基式平台由哪几部分组成？其特点是什么？

报告要求：

CAD 制图桩基式平台三部分结构组成形式，要求图面简洁而清晰。

班级：　　　　　学号：　　　　　姓名：

第　层　　　　　成绩

6.2 自升式平台与海上钻井装备认知实验

(1)实验目的

随着世界人口的增长和陆地资源因加速开采而日渐枯竭，海洋资源的开发已成为世界各国普遍关注的问题。通过海洋油气钻井工程与装备的认识实验，使学生了解海洋油气钻井平台结构及装备特点，为学生毕业后从事海洋油气生产提供相应专业知识。

(2)实验方法及要求

通过实验室试验装置认识实验(实物模型)，熟悉海洋油气钻井工艺流程，了解海洋油气钻井装备结构特点与性能。

(3)实验内容及步骤

①实验装置：

a. 自升式平台(应用 10m 水深内钻井生产)

b. 海上钻井装备

②实验准备

a. 自升式平台实验准备

(平台升降至钻井作业位置、安装隔水管等海上钻井准备工作)

b. 海上钻井装备实验准备

(井架与游动系统、旋转系统、循环系统、吊机系统安装就位)

③实验步骤

a. 自升式平台

(平台载荷、五种主要工作状态、平台结构组成)

b. 海上钻井装备

井架、游动系统、转盘旋转系统、泥浆循环系统、吊机提物系统、钻柱隔水管工艺系统。

④数据处理

CAD 绘制自升式平台工作状态：

a. 拖航状态；

b. 放桩和提桩状态；

c. 插桩和拔桩状态；

d. 桩腿预压状态；

e. 着底状态。

(4)实验报告要求

思考题：

自升式平台结构由哪几部分组成？其工作状态主要有哪几种？

报告要求：

CAD 绘制自升式平台五种工作状态，要求图面简洁而清晰。

班级：　　　　　　学号：　　　　　　姓名：

五种工作状态	成绩	

参考文献

[1]孟尔熹，曹尔第．实验误差与数据处理[M]．上海：上海科学技术出版社，1988.

[2]姚春东．石油矿场机械[M]．北京：石油工业出版社，2012.

[3]姚春东．石油钻采机械[M]．北京：石油工业出版社，1994.

[4]李继志，陈荣振．石油钻采机械概论[M]．东营：中国石油大学出版社，2001.

[5]金业权，刘刚．钻井装备与工具[M]．北京：石油工业出版社，2012.

[6]徐建宁．石油钻采机械[M]．东营：中国石油大学出版社，2015.

[7]何耀春，张红静．石油工业概论[M]．北京：石油工业出版社，2015.

[8]韩来聚．自动化钻井技术[M]．东营：中国石油大学出版社，2012.

[9]张琪．采油工程原理与设计[M]．东营：中国石油大学出版社，2006.

[10]徐建宁，屈文涛．螺杆泵采输技术[M]．北京：石油工业出版社，2006.

[11]贾光政，李睿．海洋石油装备概论[M]．北京：中国石化出版社，2022.

[12]廖谟圣．海洋石油钻采工程技术与装备[M]．北京：中国石化出版社，2010.

[13]于振东．油田井下作业设备工具[M]．北京：石油工业出版社，2016.